长兴土种志

潘建清　麻万诸　编著

中国农业科学技术出版社

图书在版编目（CIP）数据

长兴土种志 / 潘建清，麻万诸编著. -- 北京：中国农业科学技术出版社，2021.12

ISBN 978-7-5116-5600-1

Ⅰ. ①长… Ⅱ. ①潘… ②麻… Ⅲ. ①土壤分类—长兴县 Ⅳ. ①S155.925.54

中国版本图书馆 CIP 数据核字（2021）第 252160 号

责任编辑 穆玉红 李美琪
责任校对 马广洋
责任印制 姜义伟 王思文

出 版 者 中国农业科学技术出版社
北京市中关村南大街 12 号 邮编：100081
电　　话 （010）82109707（编辑室） （010）82109702（发行部）
（010）82109709（读者服务部）
传　　真 （010）82106626
网　　址 http://www.castp.cn
经 销 者 各地新华书店
印 刷 者 北京建宏印刷有限公司
开　　本 170 mm × 240 mm 1/16
印　　张 11
字　　数 240 千字
版　　次 2021 年 12 月第 1 版 2021 年 12 月第 1 次印刷
定　　价 59.00 元

《长兴土种志》

编委会

主　编　著　潘建清　麻万诸

副主编著　毛晓梅　吕　方

参与编著　（以姓氏笔画为序）

王　涛　王　琦　王　蓓　孔佰明

宁国云　朱倩莹　许建民　孙淑媛

李路菲　杨　健　沈长宏　沈伟棋

张玉兰　苗　莹　周　慧　郑鹏华

柏　超　俞　波　敖　力　黄　奇

彭桂福　解　静　潘明辉　薛美琴

主　　审　章明奎　金继昌

序　言

土壤资源是人类赖以生存的最基本的物资，是不可再生的自然资源。农业八字宪法“土、肥、水、种、密、保、管、工”，第一字就是“土”，土壤与农业息息相关；发展现代化农业，实施乡村振兴战略，土壤更是其基础条件。数十年来，浙江省湖州市长兴县历代土肥工作者全方位地开展了长兴县土壤资源调查与评价工作。1958 年开展了全县第一次土壤普查工作，对全县农业土壤进行了全面调查，并通过成果应用推动了汀煞白土田等低产土壤的改良，县内土壤肥力水平提高近 1 倍，大大提升了农田生产力；1980 年 10 月开始了第二次土壤普查工作，历时 4 年全面摸清了长兴县土壤的种类、分布与理化性状等，使全县耕地得以有效开发利用和保养管理；2003 年开展了浙江省耕地地力调查与质量评价试点项目，建立了长兴县耕地质量管理信息系统；2006 年实施了国家“十一五”重大农业科技推广项目——测土配方施肥项目，编制完成了数字化土壤养分分布图、耕地地力等级图；2010 年以来，全县共建立 191 个土壤长期定位监测点、土壤预警体系监测点以及耕地质量动态监测点，全面掌握了县域内耕地土壤养分、理化性质变化趋势与耕地生产潜力，为现代农业高效绿色发展发挥了积极作用。

多年来，长兴县土肥部门在加大土肥科技推广的同时，注重实践经验和科学研究的积累，特别是在第二次土壤普查工作中所积累的基础数据，至今仍是全县农业生产管理最重要的参考数据，为长兴县土壤资源开发和利用提供了第一手宝贵资料。更值一提的是，2019 年以来，以长兴县农业技术推广服务总站潘建清高级农艺师和浙江省农业科学院麻万诸副研究员为主编的团队，在浙江省农业广播电视学校长兴县分校农技推广专家的支持下，立足第二次土壤普查的工作基础，总结四十多年以来的土种研究和监测成果，经过两年的艰辛付出完成于《长兴土种志》的编著工作，为长兴县科学利用土壤资源提供了一个极具参考价值的土壤知识库，实在是可喜可贺。

《长兴土种志》以土种为基本元素，以 1986 版省级分类系统为土种分类和命名标准，构建了长兴县土种基础数据库；分析了典型土种养分状况和理化性状的演化过程；编制了全县 15 个乡镇（街道）的土种图；撰写了具有现实指导意义的相关土种专题报告；该书内容真实、数据细致，是长兴县自第二次土壤普查以来土肥工作硕果的见证和延续，更是土肥实用技术的有益参考书。此书的出版，必将为广大农业工作者掌握长兴县土壤，特别是土种的肥力状况和生产潜力，提供强有力的理论指导；又可帮助全县农民识土辨土，实现科学栽培，从而进一步推动长兴县现代农业发展再上新台阶；同时，也希望广大农业服务部门掌握土壤知识，做到土尽其用，最大程度地提高土地利用率，为长兴县社会经济发展提供坚实的耕地资源保障。

值此《长兴土种志》一书出版发行之际，深感于长兴农业工作者厚植农业、辛勤耕耘的敬业精神，特此作序。

长兴县人民政府副县长

2021 年 6 月于长兴

前　言

长兴县，地处浙江省最北部，是浙北低山丘陵向太湖水网平原过渡的地区。全县地势西高东低，地貌类型主要有低山高丘、低丘岗地、低丘谷地、圩区平原和水网平原5种类型；土壤有红壤、紫色土、石灰（岩）土、粗骨土、潮土、水稻土6个土类，包括13个亚类、30个土属、47个土种。县域内地形地貌较复杂，土壤类型多种多样。所以，为高质量利用好耕地资源，将数字赋能服务于乡村振兴，《长兴土种志》的编著是必不可少的基础工作。

本书是自20世纪80年代初第二次土壤普查以来，近40年土壤研究成果的系统总结。自1980年10月开始的第二次土壤普查，是在原副县长李绍洪、张维孝为土壤普查领导小组组长领导下，在陈起凤、吴灿玲、姚稚鳌、罗庚生等老师为代表的几十位老前辈的辛苦努力下，历时4年完成了长兴县土壤普查工作和普查资料的整理及汇总工作，全面查清了各类土壤面积分布、理化性状及生产性能，为全县农业区划和土壤资源的开发利用与改良等提供了大量必需的基础数据，在全县农业生产中发挥了极大的作用。这些资料至今仍是长兴县农业生产管理、制定可持续发展政策的重要参考数据。

全书共六章。第一章从地形地貌、地层与岩石、气候与水文3个方面简述长兴自然条件概况；第二章通过气候、生物、母质、地形、时间五大成土因素及人为活动对土壤形成的影响，分析长兴土壤的形成特点及土壤分布规律；第三章根据浙江省土壤分类系统，采用土类、亚类、土属和土种四级分类制对长兴土壤进行了类型划分，明确各土种的面积及归属；第四章立足于第二次土壤普查基础工作，通过归属与分布、主要性状、典型剖面和改良利用4个方面，依据20世纪80年代的土壤普查典型剖面数据对长兴县土种性态特征进行较为系统的阐述；第五章从基本概况、地形地貌、成土母质和土种占比4个方面对全县15个乡镇（街道）土种分布情况进行了介绍；第六章包括4个专题报告：专题1“典型土种养分及理化性状演变”，主要从养分、性状演变及变化原因等方面分析了近40年长兴县8个典型土种养分及理化性状的演变特点，并提出相应生产管理方法；专题 2“沿河主要土种的保肥供肥特性及其科学施肥建议”，重点阐述沿河水系种植概况、沿河土种分布、保肥特点及科学施肥建议；专题 3“汀煞白土田的肥力特性及其改良提升”，从基本现状、养分特点、提升对策和措施 3 个方面对长兴特有土种汀煞白土生产性能进行了深入分析；专题 4“不同耕地地力等级土种构成与性状分析”，主要分析了长兴县 10 个耕地等级的土种构成及主要性状，为土壤改良、提升和利用提供了科学依据。

本书可为广大农技人员及相关人士了解长兴土壤基本情况和科学培育长兴耕地提供素材；本书的出版填补了长兴县多年来无土种志正式出版的空白和遗憾，使长兴县土肥工作前辈所积累的土肥知识和宝贵经验得到传承，并为今后有志于土肥工作的年轻一代起到抛砖引玉的作用。

《长兴土种志》的编著，得到长兴县人民政府杨永章副县长、长兴县农业农村局陈民华书记、吴秋景局长的高度重视和浙江省农业广播电视学校长兴县分校的大力支持；浙江大学章明奎教授和长兴县农业农村局金继昌总农艺师对书稿进行了认真审核；书稿中除了棕黄筋泥、亚棕黄筋泥以及棕粉泥用的剖面和景观照 3 组图片由本人拍摄供稿外，湖松田、黄斑田、青紫头白土田、硬泥田以及汀煞白土田的剖面和景观照由浙江省农业科学院环境资源与土壤肥料研究所邹平老师拍摄供稿；另外 10 幅典型土种标本图片由陈鲜忠老师拍摄供稿。在此一并表示感谢。由于本书所涉及的基础数据多、时间跨度长，收集及整理工作量大，限于时间和编著者水平，不妥之处恳请各位同仁批评、指正。

麻万诸

2021 年 6 月

目 录

第 1 章　自然条件概况

长兴县隶属浙江省湖州市，地处浙江省的最北部，居浙、苏、皖三省要津和长江三角洲中心地带，属杭嘉湖鱼米之乡、丝绸之府的一角，距沪、杭、宁、苏、锡、常均在 200km 左右，素有“三省门户、水陆要冲”之称；地理坐标为：东经 119° 33′～120° 06′，北纬 30° 43′～31° 11′；东临太湖，与江苏吴江隔湖相望；西靠安徽广德；北连江苏宜兴；西南、东南与浙江省的安吉县、吴兴区相毗邻。县域周边总长 284.69km，东西长 52.74km，南北宽 51.04km，辖区面积为 1 430.20km^2。

长兴县“山、水、林、田、湖”地形地貌健全，气候、水文及母质类型多样，为不同土壤类型的形成和发育提供了独特的自然条件。

1.1　地形地貌

长兴县位居浙北低山丘陵向太湖西岸平原过渡的地区，三面环山，一臂挡湖（太湖），湖岸线长达 31km，长兴港等四大干流由西而东横贯全县。县域西北部、南部、东南部被 3 个低山丘陵围绕。在西北和西南部山区之间，各有一山间盆地；县域内中部和东北部展布两片平原。全县有平原、丘陵（包括山间盆地）、低山等多种地貌。据估算，全县平原（海拔 100m 以下）103 600hm^2，占总面积的 72.8%（包括高平原 29.1%）；丘陵（包括盆地）38 467hm^2，占总面积的 27.03%；低山（海拔 500m 以下）247hm^2，占总面积的 0.17%。

长兴地貌较为复杂，西北、西南为海拔 200～600m 的低山区；低山边缘海拔 20～200m 为岗峦起伏的红壤丘陵区；中部以西苕溪、泗安塘流域组成的中部平原圩区；东部沿太湖地段，河港纵横，湖群星罗棋布，形成了东部水网平原区。由于长兴地貌复杂，因此带来了土壤类型及其分布的复杂性。境内主要山脉有以下 6 种。

（1）北面有乌岭、南山、香山（与江苏省宜兴市相连）。

（2）西面有茅岭、茗岭、缠岭、五通山（与安徽省广德县交界）。

（3）西南有龙山山脉（与浙江省湖州市安吉县相邻）。

（4）东南有弁山山脉（与浙江省湖州市吴兴区接壤）。

（5）南边有野山（与浙江省安吉县交界），周坞山（与浙江省湖州市吴兴区接壤）。

（6）县域内还有咸丰山、凤凰山、尧市山、九龙岭、桃花岭、白虎山、马鞍山、长岭山、狮子山、青冬岭、先锋岭、长岭、方山、郎山等山体。

其山脉走向分别如下。

北支山脉 位于长兴北部，发脉于西天目山的广苕山（安吉县）。广苕山脉正干走向安徽广德和长兴交界处，即为北支山脉正干，自青岘岭向北，越过金钟岭、白岘岭至三州山（海拔 522m），折向东沿苏浙两省交界处的襄王岭、茗岭、西川岭、白猫岭、黄龙头、啄木岭、乌峰岭、父子岭、入太湖至大雷山止。在长兴一侧还包括互通山（海拔 574m）、顾渚山、金山、西顾山等山为互通山分支脉。黄龙头山支脉，自黄龙头（海拔 536m）向南延伸一分支，经乌头山（海拔 500m）又分为九龙山、回龙山两支并行而南；西支至城北难山、子山没入平原，东支至夹山湖陵山没入平原。

龙山支脉 自广苕山在安吉、长兴、广德界上入境，向东伸展一支脉，至长泗平原西缘隆起为仙山，沿长兴与安吉分界线东至龙山。

岩山支脉 起自广苕山脉正干向东至青岘岭，再东至仙风岭，被八都岕谷地切为南北两分支：北支岩山（海拔 525m）经黄茅（莽）岭、乌瞻山、龙头芥，没入平原；南支望岭（海拔 506m）、方山（海拔 575m），经金鸡岭、朗山尽于小浦平原。

南支山脉 属低山丘陵，发脉于东天目，由莫干山绵亘而北至长兴、安吉、湖州两县一市交界点三山（海拔 584.8m）。入县境后分三支：①向西北，经阴坑里（海拔 572m）、野山（海拔 562m）至青山，山脉被横涧谷地隔断，继之吴山、佛川山、独山，没入西苕溪平原，称吴山支脉；②自三山向东北延伸，经周坞山、大岗山（海拔 534.7m）、青龙山、小洪山、磨盘山、大岭岗、城山没入西苕溪平原，称城山支脉；③东境一脉绕长兴、湖州市界山或雾山北走，过苕溪便是弁山，弁山支脉呈东西走向，西起吕山，向东经白鹤岭、戚家山、金山、云峰顶（海拔 521.6m）、南云峰，向东北经黄龙洞至小梅山，入太湖。自弁山主峰云峰顶向西北，经天井岭至杨家山，没入城东平原。

1.2 地层与岩石

1.2.1 地质构造

长兴地质构造上属于南京凹陷与江南古陆的边缘地段，地轴走向东北—东至西南—西；背山面湖，西高东低，西苕溪、泗安塘和合溪塘三大河流均自西向东，横贯全县，直入太湖，对本县土壤的形成起到决定作用。现在人们居住、生产活动的地层主要属第四纪地层，其厚度自西向东逐渐增厚，泗安皂山为 76m，天平、虹星桥为 125m，太湖彭城村 186m。

自印支运动以来，全县经受多期构造运动和不同构造体系（方向）的联合、复合作用。县域内断裂发育，并且纵横交错，正逆相伴；兼有水平错动，相互切割，以及全县逆断层以北北东向和近东西向两组为主，褶皱多较宽缓，岩浆活动微弱等特征。

1.2.1.1 洪桥—晓墅大断层

在县域内长达 45km 以上，属昌化—江湾深断裂带北段的一部分，总体方向呈北东—南西延伸，也有多处转折呈东西向。在大断层的北西侧，普遍接受了巨厚的中生代地层的沉积；在吕山、洪桥一带大断层北西侧的下降盘中，白垩纪红层厚逾千米，而南东盘的近处即见古生代地层裸露。断裂带中岩浆侵入体较发育。

1.2.1.2 煤山复式向斜及其邻近断层组

煤山复式向斜轴向北东 50°，向北东抬起，向南西倾伏。西南端为缠岭—青岘岭逆断层所切而终止。向斜延长 12km，宽 4km。从两翼向核部由泥盆系至中、下侏罗世组成，其中青龙群与象山组呈明显角度不整合接触。整个向斜内由多个次一级的小向、背斜组成。

煤山复式向斜内的断裂相当发育，计有断层 60 条，正逆断层和水平位移纵横交错，其中以高角度走向逆断层为主，与印支运动褶皱同时形成，均早于向斜内其余各组断层。

煤山复式向斜外围主要见两组断层：一组以缠（岭）—青（岘岭）、逆—逆掩断层为代表的压性断层组，均呈北北东方向延伸，倾向北西西。其余逆断层见于东侧互通山至回龙山一带的茅山砂岩裸露区。另一组为北西向的正（张性）断层组，同见于上述地区。上述两组断层延长，长度均在 10km 左右，前者被后者切割。

缠—青逆—逆掩断层，北起宜兴川埠，自缠岭入长兴县内，向南西经青岘岭直至广德马鞍山，全长 38km 以上。走向大致为 30° 倾向北西西。由南而北倾角从 60° 减至 20°，断距则从数百米增至 2 000 余米。这是一条经历较长时期活动的断层带，即始于印支期，并于中侏罗世后之燕山期仍有活动。

1.2.1.3 白石山逆掩断层与白石山向斜，蒋埠桥向斜

自石山逆掩断层 地面出露不佳，钻孔发现在穿过青龙群、长兴组、龙潭组后见白垩纪红层。走向北东东，倾向北西，倾角甚缓，局部地段甚至向南东倾斜。该断层为东西向逆断层和斜交断层切割而复杂化。

白石山向斜 轴向北东东，向北东倾伏，为二叠—三叠系等推覆于中生界红层之上而成之飞来峰构造。从向斜两翼向核部由泥盆、石灰、二叠及三叠系组成。岩层倾角多在 45°～60°，一般南翼较北翼为陡。向斜形成后进一步受多组断裂构造破坏。

蒋埠桥向斜 地表为第四系所覆。物探、钻探证实由下二叠统至中下三叠统组成。轴向北东东，向太湖方向倾斜。中生界红层及火山岩系不整合于其上。向斜内发育有次一级的向斜、背斜及纵横断层。

1.2.1.4 白（阜）—毛（家村）大逆掩断层与白阜—泗安向斜

白阜—毛家村大逆掩断层 大体展布于泗安平原北缘之白阜葡萄界、长岗岭、毛家村一线，全长 25km 以上，唯因形成后受纵横向断层切割，仅于白阜之东庄基墩北侧尚保留有飞来峰之残迹，发现泥盆系砂岩直接逆掩于二叠系灰岩之上。

白阜—泗安向斜 地表为第四系与白垩系红层所覆，系物探和钻孔资料确定。向斜轴向南西西，向北东抬升。核部由三叠系和二叠系组成。由于受

后期断裂切割使向斜的完整性受到不同程度的破坏。

1.2.1.5　李家巷逆—逆掩断晨组及李家巷向斜

李家巷逆—逆掩断层组　出露于李家巷北侧至金牛山一带，断层走向自南而北由近东西转为北东，北北东向，倾向北或北西，倾角变化较大。主要见两条：其一位于李家巷镇北侧，为泥盆系与中石炭统至下二叠统直接接触。该断层向西为第四系所覆，据物探资料等分析，似有与洪桥—晓墅断层交切后继续向西延伸之势；其二位于金牛山北西侧，见于泥盆系中。上述逆断层组常被正断层切割。

李家巷向斜　位于李家巷镇的平原区中。因四周多为断层割裂和第四系覆盖，构造形态欠清晰，可根据其中部分出露的石炭—二叠系岩层产状，判断为一个不完整的向斜构造。

1.2.1.6　和平吴山逆—逆掩断层组与南侧向斜

吴山逆—逆掩断层组　吴山为泥盆纪地层，向北东倾斜，与其南侧的栖霞组呈断层接触，断层走向南东东，倾向北，属逆断层性质。

南侧向斜　在吴山山顶北东侧的泥盆系中，尚见有倾向南西的逆断层穿越。上述逆断层均被北西向的正断层切割。

1.2.2　地层

长兴县境位于扬子准地台下扬子拗陷褶皱带的南缘。在地质史上受区域大地构造控制，具有阶段性古环境变迁的特点。志留纪末至泥盆纪（距今 3.3 亿～ 4.0 亿年）受加里东运动影响，首次上升为陆，接受以陆相碎屑岩为主的地层沉积。至中石炭世（距今约 3 亿年），县境地壳下沉为海，在浅海相环境中，形成一套富含蜓科和珊瑚化石的碳酸盐岩沉积。

二叠纪时期（距今 2.3 亿～ 2.8 亿年）地壳升降频繁，时海时陆，但仍以海相环境为主。至晚二叠世，本区再度上升，形成海陆交互相沉积环境。在多次泥炭沼泽化过程中，接受龙潭组含煤沉积建造。晚二叠中期结束龙潭组海陆交互相沉积，海水复又侵入，直至中三叠世晚期均处在浅海相环境。

中三叠世末期（距今约2亿年）受印支运动影响全面回返，强烈褶皱成山，上升为陆，并结束了本区海侵历史。在此期间，受强大的北西—南东向挤压作用，形成了以北东—南西向为主的华夏系褶皱和逆—逆掩断层组。

在侏罗纪（距今约1.95亿年）以后，经历燕山运动强烈活动，一方面继承并强化了印支期形成的构造方向，另一方面随着东西向构造带的活动和发展，使早期的构造格局遭受改造而更趋复杂。沿着构造薄弱部位曾发生燕山期酸性岩浆侵入、喷发和晚期基性岩浆的溢出。县域内泗安至洪桥一带，在褶皱、断陷低洼处，接受了上侏罗与下白垩统的陆相杂色碎相岩系沉积。

新生代以后（距今0.02亿～0.7亿年）喜马拉雅山运动（以下称喜山运动）对县域内老构造表现出明显继承性。在泗安—洪桥的低洼带在升降差异运动控制下，有断陷下降性质，从而接受了一套陆相或部分滨海、潟湖相沉积。

总体来说，长兴地层分区属扬子地层区、江山—临安地层小区，总体反映下扬子地层区的基本特征。由于本区已靠近江南地层区，在岩性特征、地层厚度等方面具有过渡性质。本区共有20个岩石地层单位（表1）。

表1　长兴县主要岩石地层单位

界	系	统	组	代号	主要岩石种类
新生代	第四系	全新统	镇海组	Q_4z	沙土、粉土、黏土
			鄞江桥组	Q_4y	砂质粉土、砂砾石、砂质黏土
		更新统	莲花组	Q_3l	中亚黏土、含砾碎石亚土、砾卵石
			之江组	Q_2z	蠕虫状网纹黏土、含砾黏土
中生代	白垩系	上统	中戴组	K_2z	紫红色砂砾岩、砂岩、细砂粉砂岩
	侏罗系	上统	寿昌组	J_1s	凝灰岩、沉凝灰岩、凝灰质砂岩等
			黄尖组	J_3h	青灰色流纹质熔结凝灰岩、火山熔岩
		中统	马涧组	J_2m	砾岩、长石石英砂岩、砂页岩
	三叠系	上统	南陵组	T_2n	粉砂岩、薄层灰岩、灰质白云岩
		下统	和龙山组	T_1h	似条带状灰岩、瘤状灰岩、泥质灰岩
			殷坑组	T_1y	同生角砾灰岩、泥页岩

续表

界	系	统	组	代号	主要岩石种类
上古生界	二叠系	上统	长兴组	P_2c	厚层状灰岩、结晶灰岩、中薄层沥青质灰岩
			龙潭组	P_2l	生物灰岩、粉砂岩、泥页岩夹煤线、硅质页岩
		下统	孤峰组	P_1g	硅质岩、含锰、磷结核灰岩、白云岩、生物灰岩
			栖霞组	P_1q	燧石灰岩、沥青灰岩、炭质页岩及煤线
	石炭系	上统	老虎洞组	C_2l	白云岩、夹含砂、黄铁矿、燧石条带灰岩
		下统	珠藏坞组	D_3C_1z	砂岩、粉砂岩、泥岩
	泥盆系	上统	西湖组	D_3x	含砾石英砂岩、石英砂砾岩
下古生界	志留系	中下统	唐家坞组	S_2t	中厚层岩屑砂岩、细砂粉砂岩、泥岩
			康山组	$S_{1-2}k$	石英岩屑砂岩、粉砂岩、粉砂质泥岩

1.2.3　岩石

县域内出露的岩石主要有砂岩类、石灰岩类、火山碎屑岩类和少量岩浆岩类。

1.2.3.1　*砂岩类*

长兴县最古老的岩石为古生代志留系中下统的康山组（$S_{1-2}k$）石英岩屑砂岩、粉砂岩，唐家坞组（S_2t）砂岩；其次为泥盆系上统的西湖组（D_3x）含砾石英砂岩、石英砂岩、石英砂砾岩，石炭系下统的珠藏坞组（D_3C_1z）砂岩、粉砂岩、泥岩以及上统的老虎洞组（C_2l）白云岩。其中，泥盆系的石英质砂岩（归属于千里岗砂岩）分布最广，东至横山，西至仙山，南至和平，北至丁甲桥均有分布。

1.2.3.2　*石灰岩类*

县域内石灰岩类有：二叠系下统的栖霞组（P_1q）沥青灰岩、燧石灰岩与孤峰组（P_1g）硅质岩，上统龙潭组（P_2l）粉砂岩、泥页岩夹煤线与长兴组（P_2c）厚层状灰岩、结晶灰岩、中薄层沥青质灰岩；三叠系下统的殷坑组（T_1y）同生角砾灰岩、泥页岩与和龙山组（T_1h）似条带状灰岩、瘤状灰岩、泥质灰岩，上统南陵组（T_1n）粉砂岩、薄层灰岩。其中，二叠系的长兴灰岩，在煤山盆地区最典型，被列为重点保护区；而三叠系的和龙山灰岩分布也较广，主要分布于李家巷、后洋等地，20 世纪 70—80 年代大多被开采作为工业、建筑材料；21 世纪以来得到较好的保护。

1.2.3.3 火山碎屑岩类

火山碎屑岩类有：侏罗系中统的马涧组（J_2m）砾岩、长石石英砂岩、砂页岩，上统的寿昌组（J_1s）凝灰岩、沉凝灰岩以及黄尖组（J_3h）火山熔岩；白垩系上统的中戴组（K_2z）紫红色砂砾岩。

1.2.3.4 岩浆岩类

岩石种类有花岗岩、花岗闪长岩和花岗斑岩等。长兴的岩浆岩以燕山期中酸性浅成岩为主，局部见有基性喷出岩出露。中酸性浅成岩出露范围较小，仅见于水口乡顾渚、李家巷镇青草坞、画溪街道庄头和小浦镇柏家村等地，全县出露面积不足 2km^2。另外，据物探和部分钻探结果反映，在洪桥、白阜一带，在中、新生界盖层之下，尚有规模稍大的酸性侵入岩体。中酸性浅成岩以花岗斑岩和花岗闪长斑岩为主，偶见闪长玢岩、霏细斑岩出露；顾渚出露的花岗闪长斑岩为浅灰色，中细粒斑状结构，斑晶由斜长石、角闪石和少量石英组成。

1.3 气候与水文

1.3.1 气候

长兴县属北亚热带东部季风气候区，它的基本特点是：气候温和湿润，冬夏季风交替显著，四季分明；年内雨热同步，雨量充沛，空气湿润；光照充足，无霜期较长。近年来夏秋季拉长，春冬季缩短，一般冬季盛行西北风，寒冷干燥；春季气温回升，但易受寒流影响；夏季炎热，盛行东南风，多有雷阵雨；秋季凉爽，常有台风过境。

据长兴县气象站 2007—2018 年的资料统计表明，县域内气候具以下特点。

气温 全县年平均气温为 16.8℃，最冷月是 1 月，月均温度 3.7℃，低温极值为-8.3℃，最热月是 7 月，月均温度为 29.2℃，高温极值是 40.9℃。

日照及积温　常年日照可达 1 605.5 小时。年内 0℃以上的积温为 6 178.6℃，≥ 10℃的活动积温 5 638.6℃。

降水及蒸发量　年降水日 143.9 天，平均降水量为 1 424.2mm，年平均陆地蒸发量在 1 203.7mm 左右。

霜期　常年初霜期在 11 月中旬，终霜期在翌年 3 月中下旬，无霜期一般有 239.6 天。

总体上，长兴的气候特点为适宜于农作物生长，有利于农、林业的生产。然而，在年际之间或月份之间，上述各气象要素的变化差异较大，高、低极值也较悬殊，从而导致县域内的灾害天气屡屡出现，主要有倒春寒、高温干旱、台风暴雨、冰雹和龙卷风等，致使在不同季节，不同范围对农作物和居民财产，造成不同程度的损害。

1.3.2　水文

长兴水文站建站至今已有近百年历史，经多年测定，年均降水总量为 18.75 亿 m^3，平均年径流总量为 7.28 亿 m^3，平均径流深为 500 ～ 700mm。年平均水资源总量为 7.49 亿 m^3，其中地表水 6.25 亿 m^3，地下水 0.97 亿 m^3。县域内降水时空分布不均，降水量年内分配也很不平均，主要集中在3—10月，占全年降水量的 84% 左右。长兴县内河道主要有西苕溪、泗安溪、箬溪和乌溪等泄洪水系，最后经诸溇港泄入太湖。过境水主要来自西苕溪，年平均入境水量为 13.78 亿 m^3，90% 保证率的年出境水量为 8.17 亿 m^3。引进太湖水量按实测年均值为 6.97 亿 m^3。长兴县自有水资源并不丰富，人均占有量为 1 054m^3，低于全省人均占有量 2 134m^3，但多年平均过境水量约相当于长兴水资源量的 1.8 倍，加上太湖充足水源补给，正常情况下满足城乡生产和生活用水。县域内主要水系由五大水系组成。

西苕溪水系　在长兴南部，流经吴山、港口、便民、长城四个主要区域，其源于安吉县境内西天目山北麓（即龙山），从吴山小溪口流入，至吕山下目村出境，入湖州市郊，全长 15km，平均年径流量 22.6 亿 m^3。

泗安塘水系　泗安塘发源于安徽广德县新杭村，经二界岭东村入仙山湖（长兴泗安水库），流经仙山、泗安、管埭、天平、林城、虹星桥、吕山至湖州塘口汇合，并入西苕溪流入太湖，全长 51km。

合溪塘水系 主要由南北二涧汇合而成，北涧发源于白岘的襄王岭南麓，河道纵坡降为 5%，流域面积为 122.7km^2，属砂卵石河床，为季节性溪流。南涧发源于槐坎的青岘岭东麓，河道坡降为 6%，流域面积 93.4km^2，为季节性河流。二涧在煤山镇的草纸槽附近汇合至小浦（合溪水库）。小浦以下又称画溪。从画溪至新塘口，古称箬溪。箬溪总流域面积 381.3km^2。箬溪干流河段分作：合溪新港和长兴港。合溪新港由小浦黄泥潭向东，流经西峰坝、过西庄漾、新塘沈家角入太湖；长兴港由小浦黄泥潭向南经小浦镇，至画溪桥，穿过雉城镇，经下箬寺直流新塘口入太湖。

金沙涧水系 发源于水口乡顾渚竹茶，全长 21km，流经胡林山，分南北二支，北支向东北经夹浦入太湖；南支经后洋乡包漾湖，夹浦盛家漾后沉渎港入太湖。

常丰涧水系 发源于丁甲桥的北川介，全长 16km，流经夹浦上港，长大村入湖。除了上述五大水系流域外，中部坍区平原和东部水网平原地区河港密集，湖泊星罗棋布，太湖港在长兴有 34 条，通航航道为 12 条，为长兴农业生产、渔业生产，内河航运创造了优越条件。全县最大内湖为盛家漾，面积 89.8hm^2，最大的人工湖为仙山湖，面积 382hm^2。

第2章　土壤的形成与分布规律

2.1　土壤形成

自然土壤的形成、发育与气候、生物、母质、地形及时间有着密切关系，并受这五大因素所制约，而耕作土壤除受自然因素作用外还要受人类农耕活动影响，长兴土壤成因也是如此。

2.1.1　气候

2.1.1.1　古气候因子

在大理冰期后，整个江南古陆气温回升，出现了高温、高湿的气候条件，整个地表受到了强烈氧化淋溶，岩石矿物承受了强烈风化，盐基离子的大量淋溶，甚至造成硅的大量淋失，使铁、铝相对积聚，出现了地表的富铁铝化和红化。县域内第四纪红土母质上发育的红壤属古土壤类型，是在古气候条件下形成的。

2.1.1.2　现代气候因子

长兴气候属北亚热带季风气候，温和湿润，四季分明，夏季炎热；冬季少雨，以干寒天气为主；春秋二季干湿、冷暖多变，2—3月往往会出现多阴雨春寒天气，8—9月常会出现多雨的台风天气。最高气温为40.9℃，最低温为-8.3℃，年平均气温为16.8℃，这些气候条件有利于土壤的风化和物质的迁移与转化，促进山地丘陵土壤的脱硅富铁铝化。

2.1.2　母质

长兴县随着地形与地域位置的变化，成土母质类型及其性状也有地域性差异，从而形成了各种类型的土壤。纵观长兴成土母质有以下几种类型。

2.1.2.1　湖泊沉积物

质地偏重、主要由黏土、粉砂组成，全土层较均一、含铁锰结核、炭质，大多发育为青紫泥土类型。主要分布在长兴东部水网平原区，包括夹浦中东部、太湖街道、画溪街道、洪桥镇、李家巷镇、吕山乡、虹星桥镇以及和平镇的部分地区。

2.1.2.2 河、湖交互沉积物

表层受近期河流泛滥物的影响较重，在湖相沉积物上再覆盖河流沉积物，心土淀积明显、多细粉砂，质地较黏偏轻，育有黄斑层，土壤有大多发育为黄斑土（田）等。主要分布在长兴中部圩区平原，包括虹星桥、林城大部分以及小浦、泗安、和平镇的部分。

2.1.2.3 河流冲积沉积物

层理明显，主要粗粉砂及细砂含量偏高，主要矿物成分为石英、粉砂，质地偏轻松。大多发育为泥砂土（田）等类型。大多分布于长兴五大水系沿岸，主要以煤山盆地、平谷地和水口河谷冲积谷地为主的一些河谷漫滩区。

2.1.2.4 第四纪古红土

以 Q_2（中更新世纪）、Q_3（晚更新世纪）残积洪积为主，由于原 Q_2（中更新世纪）、Q_3（晚更新世纪）母质部分被侵蚀，而成支离破碎的低丘岗地、地貌，此类母质具有红、黏、酸、瘠特点。大多发育为棕黄筋泥与亚棕黄筋泥的旱地土壤为主。主要分布在西部泗安、二界岭和西南部五丰龙山一带，海拔在 50 ～ 150m。

2.1.2.5 石英砂岩、石灰岩等风化的坡、残积物

大多分布于低山丘陵过渡地段上，发育的土壤具有母岩性状，大多发育为黄泥砂土及油黄泥等类型。主要分布在煤山镇、水口乡、和平镇、李家巷镇等低山丘陵地区。

2.1.2.6 滨湖边缘近代沉积物

土体中砂砾泥相混合，砂性粗粉含量高达 45% 以上，多为潮松土类型，面积不大。主要分布在太湖街道、洪桥镇等地的太湖沿岸一带。

2.1.2.7 近代洪冲积物

由于近代降水量变化较大，自然植被遭受人们的破坏在集雨面积较大丘陵山区，往往会从上游冲刷下来大量的泥石流堆积于谷口，土体砂性，泥、

砂混杂。大多为洪积泥砂田和洪积泥土等类型。分布于低山、丘陵区，如西北部水口乡、煤山镇和南部和平低山、丘陵一带。

2.1.3 地形

长兴地形从西向东逐渐倾斜，最高山峰海拔为575.4m，所以全县地貌类类型可分为低山高丘、低丘岗地、低丘谷地和水网平原四种类型，河谷地貌在长兴不发育。

2.1.3.1 低山高丘

分布于西北部的水口、煤山和南部的和平等地，海拔 200 ～ 500m。气候温热，湿润，物质风化比较彻底。山体坡度较大，土壤冲刷侵蚀强烈，土层较薄，多半为风化状母岩碎屑，土壤中含砂砾较多，粗骨性强。在这一地貌内，大体上分布着石砂土、黄泥砂土等。

2.1.3.2 低丘岗地区

主要分布在西部泗安二界岭和西南部五丰龙山一带，海拔在 50 ～ 200m，相对高差在 10 ～ 15m，岗沟分明、岗丘纵横。气温高，干湿交替异常明显，淋溶强烈。由于坡度平缓，土层深厚，土色黄红至棕红，其特点为红、黏、酸、瘠。

2.1.3.3 低丘谷地

该地貌区包括低丘山垄、狭谷盆地、洪积扇、河漫滩阶地、溪滩沿岸，其母质来自附近山丘坡地的残坡积物，质地轻松，由于流水动力差异较大，无固定河床，大多土体含砂砾较多，分选性差，砂、砾、泥往往混杂，土层较薄，厚度在 40cm 以内，往往有砾石、卵石层。

2.1.3.4 水网平原

该类型区是长兴的平原地区，地势平坦，河港纵横，湖泊星罗棋布，平均海拔高度在 3.0 ～ 5.7m，相对高差不足 3m，母质类型为湖相、湖沼相、湖河相和河相沉积物，质地匀细，黏重，分选性强，湖相及湖沼相母质在下层往往会出现腐泥层和泥炭层；河相母质在下层往往会有白土层和粉砂层。由于质地黏重，匀细，地势低洼，地下水位高，土体内透水性差，以及排水条件差，土壤次潜育化严重，土性冷。

2.1.3.5 圩区平原

位于长兴平原西部，多为人工围堤而成，局部地势低洼，地下水位高，土壤质地黏重，水气矛盾突出，次生潜育化比较严重，易积水内涝，是平原高产区的中产田。

2.1.4 时间和人为因素

长兴县位于江南古陆，最早形成于志留纪末至泥盆纪（距今 3.3 亿～4.0 亿年）。在 1.4 亿年前的燕山运动中，一方面继承并强化了印支期形成的构造方向，另一方面随着东西向构造带的活动和发展，使早期的构造格局遭受改造而更趋复杂。县域内泗安至洪桥一带，在褶皱、断陷低洼处，接受了上侏罗与下白垩统的陆相杂色碎相岩系沉积。新生代后喜马拉雅山运动对县域内老构造表现出明显继承性，在泗安—洪桥的低洼带升降差异运动的控制下，有断陷下降的性质，从而形成了太湖古盆地；长兴在太湖的西面，并出现了较小范围的陷落而出现了一些小盆地，如泗安盆地、温槐盆地等，地势西高东低，逐渐倾斜。据历史考证原始太湖水域比现今要大得多，经大理冰期后，海水浸进直至目前的水口乡的浮至岭、顾渚、车渚、埠头、空山一线；弁山、清明山是一些孤岛，几经海进海退，及长兴五大水系自西向东，带来了大量泥沙淤积于下游，逐步扩大堆积而成陆地。据长兴出土文物资料也可查证：距今 6 500 年前的新石器时代，祖先活动范围已遍及全县，从山区—丘陵—太湖沿岸均有大量文物发现，如泗安、李贤介、午山、狮子山、长城、李家巷、清明山等发掘出大量的石磨、石斧、石犁等。在商、周、春秋战国时代，长兴人类活动更趋昌盛，青铜器的大量出土，吴越文化的兴起，当时农耕、纺织业已具有相当水平。总之，长兴成陆历史经历了沧海桑田的大变迁，地表下面埋藏着 6 000 ～ 7 000 年来祖先丰富多彩的文化和大量古遗址，包括夹浦的陶家湾、清明山脚下的东海古窑址、蒸谷椿、顾渚的摩崖石刻、田圩堤及太湖围堤等。

时间和人为因素在成土过程中，既是成土作用的强化因素，又是影响土壤发育阶段的重要因素，特别是耕作土壤，其决定因素是人类农耕活动。长兴县西部丘陵土壤形成距今约有 110 万年，属第四纪 Q_2、Q_3、Q_4 地层。长兴农耕活动悠久，据考古资料从钱山漾发掘出稻谷（距今 4 700 年），台基山发掘出周朝古遗址（距今 4 000 年），从泗安水库、李贤介发掘新石器时代器皿等足以证明我们的祖先们在 4 000 ～ 5 000 年前已在长兴从事农耕活动。他们大多居住在较高近水的地区，用石斧、石犁等原始破土工具进行燎荒农业耕作，完全是适应性农业生产，以旱粮生产为主。由于平原面积的不断扩大，土壤肥力优于丘陵旱地，因此，祖先逐渐从西部丘陵移居水网平原地区，所以长兴西部农业早于东部平原。但由于西部土壤肥力的差异，涉及到农业经济效益，东部农业虽迟于西部，而发展速度远远超过西部。在 4 000 ～ 5 000 年前，祖先逐渐移居太湖沿岸，则对围垦开发这一地区的土壤起到了决定性作用，太湖沿岸栽稻有 3 000 ～ 4 000 年历史。太湖围田则在 2 500 年左右的春秋末年逐步兴起（据谬启等 1960 年考证）。至秦朝，则水稻栽培更趋昌盛，太湖沿岸进一步开拓时，秦国采用“沤田制”，大力兴修水利设施，改善了水利条件。据历史记载，当时农业生产已趋一年一熟制，这对土壤的培肥发挥了巨大作用。至公元 581—907 年隋、唐时，太湖沿岸的农业生产已发展到了极昌盛时代，屯田制与水利设施达到相当完整的规模。唐末时代引进了麦类生产，逐步推行了水旱轮作，进一步促进了土壤肥力的发展。根据王桢农书—粪壤篇记载要（公元 313 年）：“江南三月草长，则刈以踏田，岁岁如此，地力常胜。”“江南壅田者，如翘尧、陵苕，皆特种之，非野草也。”今天的红花草，可见当时已出现了稻—肥（红花草）、稻—麦的轮作制。与此同时，蚕桑生产也逐步得到了发展，至南宋末年已趋昌盛。

中华人民共和国成立后，在党的领导下，通过大力治水治土，农田基本建设，使长兴的土壤肥力得到了很快的提升。农业生产由“麦—稻”“肥—稻”或“稻—稻”一年二熟逐步发展到了“肥—稻—稻”或“麦（油）—稻—稻”的一年二熟、一年三熟或二年五熟的多种轮作制度。以猪为主的畜牧业得到了大力发展，家畜有机肥数量不断增加，更进一步培肥了土壤；20 世纪 80 年代以后由于化肥开始使用，较好补充了土壤中氮、磷、钾等大量元素；21 世纪以来以测土配方施肥技术为主科学施肥技术应用和效益农业、绿色农业和生态农业的发展，极大促进了土壤综合肥力提高。所以，人类农垦活动，直接影响了土壤的形成过程，加速了土壤的熟化过程，改变了原来自然土壤的发展方向，实现了人类定向培育的目的。

2.2 土壤分布规律

在相同的生物、气候条件下，地形、母质、时间是影响土壤发育与分布规律的重要因子。长兴县土壤分布随着地貌类型、母质类型的不同，出现各种类型的土壤分布地域组合。在同一地貌类型中，由于微型地形的变化，土种间也以一定的排列形式出现。

2.2.1 地貌与土壤分布规律

长兴县地形自向东逐渐倾斜，五大水系也自西向东注入太湖。依地貌单元可以划分为：东部水网平原区、中部圩区平原区、低丘河谷区、高丘低山区。各区土壤分布，具有各自的特点（图 2-1 和图 2-2）。

2.2.1.1 东部水网平原区

该区黄海高程为 2m 左右，大多为水稻土，它以青紫泥田等为主体，伸向太湖沿岸为湖松田，向西与圩区平原的黄斑田与白土田紧接。局部低洼地段也出现部分烂青紫田，较高地段出现黄斑田与青塥黄斑田。堆叠土在这一区内也有呈零星分布。

2.2.1.2 中部圩区平原区

以水稻土的黄斑田、白土田、汀煞白土田为主体，黄海高程大多在 3m 左右，其西部外缘与低丘、河谷地区土壤相衔接；在这一地貌单元区中，也有比较低洼地段，则土壤类型以青塥黄斑田、黄心青紫泥田和白心青紫泥田为主出现。

2.2.1.3 低丘河谷区

该区主要是旱地类型。棕黄筋泥、黄泥砂土、泥砂土为主体，水田土壤以黄泥砂田、黄粉泥田及泥砂田为主体。由于长兴县河谷不发育，所以其土壤类型的排列不整齐。在大的溪流两岸，由于老河床经常变迁，泥砂土与砾塥泥砂土交互出现。在低丘上大多分布着 Q_2、Q_3 母质的棕黄筋泥、亚棕黄筋泥，它们由于地貌承受了严重剥蚀，所以也呈交错分布。低丘垄田内分布着黄泥砂田，黄粉泥田及黄大泥田等土壤类型，其分布规律比较明显，随着微地形高低，由高至低呈黄泥砂田—黄粉泥田—黄大泥田分布状况。

2.2.1.4　高丘低山区

该区黄海高程为 200 ～ 500m，其土壤类型随地形、母质变化而异。在高丘地段，一般分布着黄泥砂土，低山地段分布着黄砾泥、石砂土等土壤类型。由于地形变化的规律性，土壤类型由高至低分布着石砂土—黄砾泥—黄泥砂土。

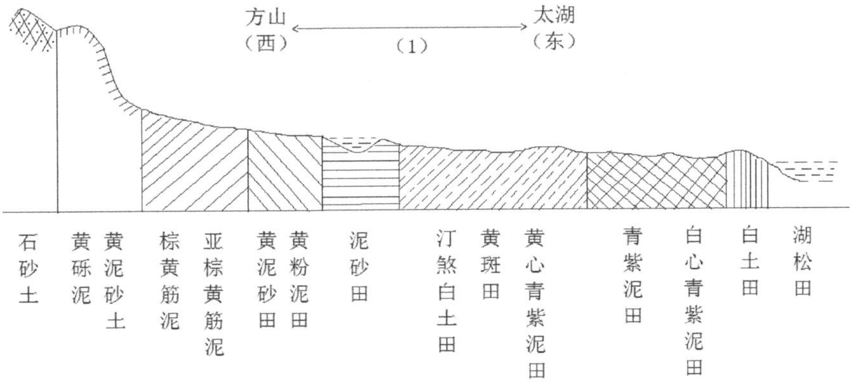

图 2-1　“方山—太湖”一线土壤类型断面分布

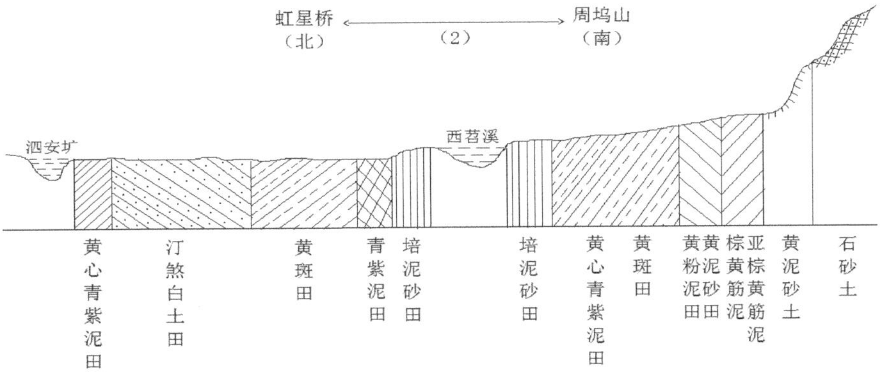

图 2-2　“虹星桥—周坞山”一线土壤类型断面分布

2.2.2　岩石与土壤分布规律

土壤是由母质发育而来，而母质则由岩石经物理、生物、化学风化而来，所以岩石类型直接影响到土壤类型。长兴岩石主要以石英质砂岩和石灰岩为主，另有零星分布的凝灰岩、砂砾岩等。

2.2.2.1 *石英质砂岩*

石英质砂岩风化而成的土壤具有砂砾性、粗骨性。土体中含有大量的半风化物状砾石，往往剖面发育不完整，土壤盐基饱和度低，呈酸性、保肥、保水性差。形成以石砂土、黄泥砂土为主的土壤类型。

2.2.2.2 *石灰岩*

由于其是生物沉积而成的次生岩石，含有大量的钙质，所以其极易风化，风化后质地匀细，形成的土壤质地黏重，盐基饱和度高，一般呈中性至偏碱性，有石灰性反应。随着成土年龄的增长，盐基离子的不断淋洗损失，脱钙，土壤可呈微酸性。形成的土壤具有母岩特性的，一般以黑油泥、油黄泥为主；部分已失去母岩特性的有黄油泥田。

2.2.2.3 *凝灰岩*

该岩石为火成岩，成岩作用弱，极易成拳状风化剥蚀，风化后呈粗骨性，土体中含有大量半风化状碎屑、质地轻松、极易侵蚀，所以土壤剖面发育也往往不完整，呈酸性，形成的土壤大多为红粉泥土及紫粉泥土类型。

第 3 章　土壤分类

长兴县在第二次全国土壤普查时，按照浙江省统一规程，采用土类、亚类、土属、土种和变种五级分类制；本书则在第二次土壤普查的基础上，根据浙江省土壤分类系统，采用土类、亚类、土属和土种四级分类制。

3.1　土壤分类原则及依据

3.1.1　土壤分类原则

3.1.1.1　发生学原则

土壤是客观存在的历史自然体。土壤分类依据发生学原则，即坚持成土因素、成土过程和土壤属性（较稳定的性态特征）三者结合作为土壤发生学分类的基本依据，以土壤属性为基础，因为土壤属性是成土条件和成土过程的综合反映，只有这样才能最大限度地体现土壤分类的客观性和真实性。

3.1.1.2　统一性原则

在土壤分类中，耕作土壤和自然土壤作为整体，进行土壤类型的划分，具体分析自然因素和人为因素对土壤的影响，力求揭示自然土壤与耕作土壤在发生学上的联系及其演变规律。

3.1.1.3　综合性原则

自然界存在的土壤实体是在土壤演变的历史长河中相对静止的具体反映，因此，土壤类型实际上是可观察测定的实体，而并非凭借成土因素的影响，或成土过程的抽象概念推断出来的，这就是说，土壤分类必须根据土壤实体所反映的各种特征，进行测定研究，采用综合指标原则进行区别。

3.1.2　土壤分类的依据

3.1.2.1　土类的划分

土类是土壤的高级单元。土类是在一定的生物、气候及人为条件下，具有相同的发育方向和成土过程；反映在土体剖面上，具有独特的发生层段，不同的土类具有明显的“质”的差异。长兴县土壤类型共分红壤、紫色土、石灰岩土、粗骨土、潮土、水稻土六大土类。其中红壤土具有表土层（淋溶层）、心土层（残余积聚层）等主要层段；紫色土是由富含碳酸钙的紫红色砂岩和页岩上的初育土，母岩松疏；石灰岩土具有表土层和受母岩强烈影响的心土层等主要层段；粗骨土具有表土层、风化或半风化的母质层等主要层段；潮土类具有表土层、心土层和底土层等主要层段；水稻土具有淹育层（耕作层）、犁底层、渗育层、潴育层等主要层段，是以土壤中铁锰的淋溶、淀积、土壤腐殖质消长以及土壤内部水分运动作为水稻土划分的主要依据。

3.1.2.2　亚类的划分

亚类是土类的续分单元。是同一土类在成土过程中的不同阶段，或是土类之间的过渡类型，或是一个主要成土过程之外，附加另一个追加成土过程的土壤类型，全县共分 13 个亚类。以水稻土亚类划分为例，水稻土类内的亚类是根据土体内水分运动的规律而造成土体剖面形态和铁锰移动的差异特征来划分的。水稻土类中不同亚类的形态特征是不同的，如潴育水稻土是土体内处于干湿交替条件下形成的其典型土体构型为 A-Ap-W 或 A-Ap-W-G 型；脱潜水稻土则是由于所处地形较低，地下水位较高，历史上土体曾长期处于潜育状态，随着农田水利的兴建，水利条件的改善，目前已脱离潜育环境，原潜育层段基本无亚铁反应，但仍保留潜育层段遗迹，其土体构型一般为 A-Ap-Gw-G 或 A-Ap-M-Gw 型。潜育水稻土则是其剖面构型为 A-Ap-G 或 A-G 型（表 3-1）。

表 3-1　长兴水稻土亚类与发生层段构型关系

构型亚类	淹育水稻土	渗育水稻土	潴育水稻土	脱潜水稻土	潜育水稻土
层段排列	耕作层（A）	耕作层（A）	耕作层（A）	耕作层（A）	耕作层（A）
	犁底层（Ap）	犁底层(Ap)	犁底层(Ap)	犁底层（Ap 或 Apg）	犁底层（Apg）
	母质层（C）	渗育层（P）	潴育层（W）	脱潜层（Gw）	潜育层（G）
		母质层（C）	潜育层（G）	潜育层（G）	

3.1.2.3　土属的划分

土属是根据母质属性、水文条件、地形部位的不同来划分的，它既是亚类的续分又是土种属性的归纳，又是成土过程的具体反映，具有承上启下的作用，全县共划分 30 个土属。土属的划分方法如洪积泥砂田土属与黄泥砂田土属（表 3-2）。

表 3-2　洪积泥砂田土属与黄泥砂田土属比较

土属	洪积泥砂田土属	黄泥砂田土属
分布规律	山口洪积扇上或其外缘	低山低丘垄冲内
母质类型	洪冲积物	坡积或短距离搬运的再积物
剖面构型	层次明显、铁锰分离明显，砂、砾泥混杂质地砂壤至轻壤	层次明显、铁锰分离明显，质地中壤至轻黏
pH 值	6.0 ～ 6.5	5.5 ～ 6.0
生产性能	漏水漏肥严重	肥力水平较高，产量较稳

3.1.2.4　土种的划分

土种是在同一土属范围内，母质相同的一类土壤，主要根据土体剖面特征层出现的部位、厚度及其剖面层次排列情况来划分的。同一土种的剖面构型、土壤质地、生产性能一般应相一致。要改变其性质，非一般耕作措施在短期内所能改变，它具有相对的稳定性。全县共划分 47 个土种。在土种划分时，100cm 土体内主要考虑其同生产上有密切关系的 0 ～ 20cm、20 ～ 40cm 及 40 ～ 80cm 以上土体内出现的特征层，并视其厚度而定。20 ～ 40cm 出现，厚度在 10cm 以上，则称之“塥”，在 40 ～ 80cm 出现，厚度 10cm 以上，则称之为“心”。如青塥黄斑田土种，则在 40cm 以内土体中出现 M 层（腐泥层）段，其余性质同黄斑田。

3.2　土壤发生层

3.2.1　土壤层次符号

土壤剖面是一个具体土壤的垂直断面，为了方便描述土壤剖面，将土层用下列符号表示（表 3-3）。

表 3-3　土壤层次符号

一般土壤	水稻土
A：地表矿土层或耕作层	A：表土层（耕作层）
Ao：枯枝落叶层	Ap：犁底层
O：泥炭层	P：渗育层
B：淀积层（心土层）	E：漂洗层（白土层）
[B]：铁、铝残余积聚（红壤与黄壤）	W：潴育层

续表

一般土壤	水稻土
C：母质层	G：潜育层
R：母岩层（基岩层）	M：腐泥层
—	Gw：脱潜层（脱潜潴育层）
—	Wg：潴育层略带轻潜
—	Apg：犁底层带轻潜
—	Ew：漂洗层略带黄化潴育层
—	We：潴育层略带白化层

3.2.2 分类代号

浙江省第二次土壤普查统一规范了土类、亚类、土属、土种的编号体系，采用连续编号法，以便全省规范查询。当时土类、亚类、土属均采用阿拉伯计数词进行编码。如土类，浙江省共划分为10个土类，按红壤、黄壤、紫色土、石灰岩土、粗骨土、基性岩土、山地草甸土、潮土、滨海盐土、水稻土这样的顺序，依次以1～10这样10个代号表示，下属分类的亚类、土属、土种均以同样方式分配代号。采用读数词连续编码一个明显的不足是当类别内数量超过2位数时，造成编码混乱不齐，如水稻土编码为10，有两个字符，其他土类均为1个字符，不利于查看和计算机信息检索。因此，本书在保留原编码的同时，在制图中采用了每一类级2位数字的序数词新编码（表3-3，图3-1）。长兴县共有6个土类、13个亚类，新旧省级代号见表3-4。

表3-4 长兴县土壤分类代号

6个大土类代号	
红壤土类—1（G01）	紫色土类—3（G03）
石灰岩土类—4（G04）	粗骨土类—5（G05）
潮土—8（G08）	水稻土类—10（G10）
13个亚类代号	
黄红壤亚类—12（G0102）	淹育水稻土亚类—101（G1001）
红壤性土亚类—13（G0103）	渗育水稻土亚类—102（G1002）
棕红壤亚类—14（G0105）	潴育水稻土亚类—103（G1003）

续表

13 个亚类代号	
酸性紫色土亚类—32（G0302）	脱潜水稻土亚类—104（G1004）
黑色石灰土亚类—41（G0401）	潜育水稻土亚类—105（G1005）
棕色石灰土亚类—42（G0402）	—
酸性粗骨土亚类—51（G0501）	—
灰潮土亚类—81（G0801）	—

3.3　长兴县土壤分类系统

土类、亚类是高级分类单元，长兴土壤的命名依省统一规程采用连续命名法，如黄红壤、渗育水稻土、酸性粗骨土等亚类。土属、土种均属基础分类单元，具有地方特色；土属较多是从土种名称中选择代表性土种或面积最大的土种名称命名；土种是代表一组土壤实体，它们所处景观部位相同，主要的剖面性状或属性特征基本一致，并反映出较为一致的生产性能，包括适种性、限制性及生产潜力，在具体命名时，综合考虑了土壤质地、障碍土层及层位、土壤颜色和母质来源等具体特征。

长兴县土壤分为 6 个土类，13 个亚类，30 个土属，47 个土种，详见表 3-5。

表 3-5　长兴县土壤分类系统

土类	亚类	土属	土种	原代号	面积 /hm^2
红壤 G01	黄红壤 G0102	黄泥土 G010202	黄泥砂土 G01020202	122-2	37 052.27
			黄砾泥 G01020203	122-3	2 294.93
	红壤性土 G0103	红粉泥土 G010301	红粉泥土 G01030101	131-1	22.00
			紫粉泥土 G01030102	131-2	152.33
	棕红壤 G0105	亚棕黄筋泥 G010501	棕黄筋泥 G01050101	142-2	3 765.73
			亚棕黄筋泥 G01050201	142-1	7 490.07
紫色土 G03	酸性紫色土 G0302	酸性紫砂土 G030201	酸性紫砾土 G03020104	321-4	1 529.67
石灰岩土 G04	黑色石灰土 G0401	黑油泥 G040101	黑油泥 G04010101	411-1	155.53
	棕色石灰土 G0402	油黄泥 G040201	油黄泥 G04020101	421-1	1 983.80

续表

土类	亚类	土属	土种	原代号	面积 /hm²
粗骨土 G05	酸性粗骨土 G0501	石砂土 G050101	石砂土 G05010101	511-1	9 892.67
		红砂土 G050104	红砂土 G05010401	514-1	2 267.53
潮土 G08	灰潮土 G0801	洪积泥砂土 G080101	洪积泥砂土 G08010101	811-1	3 766.53
		培泥砂土 080103	培泥砂土 G08010301	813-1	472.73
		泥砂土 G080104	泥砂土 G08010401	814-1	1 463.13
			砾塥泥砂土 G08010402	814-2	276.53
		潮泥土 G080105	潮松土 G08010502	815-2	616.73
		堆叠土 G080106	壤质堆叠土 G08010602	816-2	4 394.80
水稻土 G10	淹育水稻土 G1001	黄油泥田 G100105	黄油泥田 G10010501	1015-1	315.73
		湖松田 G100110	湖松田 G10011001	101（10）-1	1 000.73
	渗育水稻土 G1002	培泥砂田 G100201	培泥砂田 G10020101	1021-1	2 696.73
			砂田 G10020105	1021-5	139.07
		棕黄筋泥田 G100203	棕黄筋泥田 G10020301	1023-1	58.73
		棕粉泥田 G100204	棕粉泥田 G10020401	1024-1	70.47
		泥砂田 G100205	泥砂田 G10020501	1025-1	1 624.13
			焦砾塥泥砂田 G10020502	1025-2	97.20
		湖成白土田 G100207	白土田 G10020701	1027-1	812.53
			青紫头白土田 G10020703	1027-3	478.93
			黄白土田 G10020704	1027-4	1 200.27
	潴育水稻土 G1003	洪积泥砂田 G100301	洪积泥砂田 G10030101	1031-1	1 094.93
			焦砾塥洪积泥砂田 G10030104	1031-4	219.80
		黄泥砂田 G100302	黄泥砂田 G10030203	1032-3	3 470.93
			黄粉泥田 G10030210	1032-10	5 242.40
			黄大泥田 G10030211	1032-11	1 204.67
		红紫泥砂田 G100304	红紫泥砂田 G10030402	1034-2	6.47

续表

土类	亚类	土属	土种	原代号	面积 /hm²
水稻土 G10	潴育水稻土 G1003	泥质田 G100307	泥质田 G10030701	1037-1	418.93
			白墒泥质田 G10030702	1037-2	44.33
			泥筋田 G10030706	1037-6	32.27
		黄斑田 G100308	黄斑田 G10030801	1038-1	8 029.00
			青塥黄斑田 G10030802	1038-2	192.67
		硬泥田 G100310	硬泥田 G10031001	103 (10)-1	4 043.00
			青塥硬泥田 G10031002	103 (10)-2	1 259.20
		汀煞白土田 G100311	汀煞白土田 G10031101	103 (11)-1	5 695.40
	脱潜水稻土 G1004	青紫泥田 G100405	青紫泥田 G10040501	1045-1	13 570.27
			白心青紫泥田 G10040503	1045-3	2 470.00
			黄心青紫泥田 G10040504	1045-4	1 278.67
	潜育水稻土 G1005	烂浸田 G100501	烂浸田 G10050102	1051-1	28.53
		烂青紫泥田 G100503	烂青紫泥田 G10050301	1053-1	35.67

第 4 章　土种性态特征

基于长兴县第二次土壤普查调查数据和 2003 年长兴县耕地地力调查与质量评价的基础数据，本章从土体构型理化性质、肥力水平、生产性能、障碍因子等方面，对长兴县各土种性态作一一简述。在土种描述时，水稻土主要考虑 1m 土体内的土壤性态；旱地土壤考虑 1.5m 土体内的土壤性态，剖面观察在润态条件下进行。并提出合理开发利用和改良途径的建议。

4.1　红壤土类

4.1.1　黄泥砂土

4.1.1.1　归属与分布

黄泥砂土（代号 122-2）属红壤土类，黄红壤亚类，黄泥土土属，剖面构型 A-[B]-C，群众称沙泥头，总面积 37 052.27hm^2。主要分布于泗安、煤山、丁甲桥、和平等地。

4.1.1.2　主要性状

该土种母质为酸性岩浆岩及石英质砂岩等风化物，红壤化作用较弱，由于处于较高的坡地上，土壤易被冲刷，土层厚薄不一。据全县 70 个典型剖面统计：平均为 20cm（最大约 60cm），[B] 层发育较差，心土层铁、锰仅少量斑状分布。土壤有机质含量低，磷属极缺范围内，表层土壤速效钾含量属正常至缺乏范围；土壤为酸性，pH 值在 4.5 ～ 5.5；质地为中壤土至轻黏土。

4.1.1.3　典型剖面

剖面于 1981 年 5 月采自泗安镇镇云峰村村。林地，苗木。剖面编号：二-郎-2。剖面土体物理性质、养分状况和化学性质见表 4-1 和表 4-2。

A：0 ～ 6cm，棕黄色，重壤土，团块状结构，疏松。

$[B]_1$：7 ～ 65cm，灰黄色，重壤土，团块状结构，较松。

$[B]_2$：66 ～ 150cm，浅黄色，重壤土，团块状结构，较紧实。

4.1.1.4　改良利用

目前大多为经济林地。重点防止水土流失，增施有机肥，增加土壤肥力；调节土壤酸碱度，提高土壤潜在肥力。由于耕地面积的逐渐减少，对于此类土种利用力度，引进适应性的新品种和新技术，逐步改变目前单一经济林种植模式，提高经济效益。

表 4-1　黄泥砂土典型剖面土体物理性质

层次	深度 /cm	细土颗粒（粒径 /mm）组成 /%						
		粗砂 0.5 ～ 1	中砂 0.25 ～ 0.5	细砂 0.05 ～ 0.25	粗粉 0.01 ～ 0.05	中粉 0.005 ～ 0.01	细粉 0.001 ～ 0.005	黏粒 ＜ 0.001
A	0 ～ 6	5.24	1.94	17.59	31.75	12.54	12.34	18.60
[B]1	7 ～ 65	5.30	1.93	17.24	30.97	11.46	12.39	20.71
[B]2	66 ～ 150	9.10	4.31	21.14	25.31	9.04	10.37	20.73

表 4-2　黄泥砂土典型剖面土体养分状况和化学性质

层次	有机质 /（g/kg）	全氮 /（g/kg）	C/N	有效磷 /（mg/kg）	速效钾 /（mg/kg）	pH 值	阳离子交换量 /（cmol/kg）
A	13.70	0.51	15.58	1.50	93.75	4.8	6.12
$[B]_1$	5.80	0.34	9.89	1.40	27.50	4.8	—
$[B]_2$	—	—	—	—	41.00	5.0	—

4.1.2　黄砾泥

4.1.2.1　归属与分布

黄砾泥（代号 122-3）属红壤土类，黄红壤亚类，黄泥土土属，剖面构型 A-[B]-C，总面积 2 294.93hm^2。分布于横山、李家巷和煤山等地的山地较高地段。

4.1.2.2　主要性状

该土种母质为砂砾岩和石英质砂岩风化物，土体中含有 30% 以上的砾石，与黄泥砂土同属。土层较薄，据全县 16 个典型剖面统计：表层厚度平均 11.9cm（表层最厚的 19cm），土壤有机质含量缺乏，磷、钾含量正常及以上；土壤属酸性；pH 值在 4.5 ～ 5.5；质地以重壤土为主。

4.1.2.3 典型剖面

剖面于 1981 年 10 月采自和平镇横山村。林地，为经济林。剖面编号：横-后-5。剖面土体物理性质、养分状况和化学性质见表 4-3 和表 4-4。

A：0 ～ 5cm，灰黑，重壤土，粒状结构，疏松。

[B]：6 ～ 10cm，棕黄，重壤土，粒状结构，较疏松，有较多的铁锰结核。

D：11 ～ 150cm，基岩。

4.1.2.4 改良利用

因土壤呈粗骨性，保肥保水差，水、土易冲刷，所以应注意水土保持，加速土壤热化。目前地表作物大多为经济林和毛竹。由于耕地面积的逐渐减少，对于此类土种可加大利用力度，引进适应性的新品种和新技术，逐步改变目前单一经济林种植模式，提高经济效益。

表 4-3 黄砾泥典型剖面土体物理性质

层次	深度 / cm	细土颗粒（粒径 /mm）组成 /%						
		粗砂 0.5 ～ 1	中砂 0.25 ～ 0.5	细砂 0.05 ～ 0.25	粗粉 0.01 ～ 0.05	中粉 0.005 ～ 0.01	细粉 0.001 ～ 0.005	黏粒 ＜ 0.001
A	0 ～ 5	1.66	2.79	30.42	23.90	8.45	14.81	17.97
[B]	6 ～ 10	—	—	—	—	—	—	—
D_C	11 ～ 150	—	—	—	—	—	—	—

表 4-4 黄砾泥典型剖面土体养分状况和化学性质

层次	有机质 /（g/kg）	全氮 /（g/kg）	C/N	有效磷 /（mg/kg）	速效钾 /（mg/kg）	pH 值	阳离子交换量 /（cmol/kg）
A	12.99	0.65	11.64	14.5	204.00	5.4	—
[B]	8.74	0.52	9.71	13.2	98	5.3	—
D_C	—	—	—	—	—	—	—

4.1.3 红粉泥土

4.1.3.1 归属与分布

红粉泥土（代号 131-1）属红壤土类，红壤性土亚类，红粉泥土土属，剖面构型 A-[B]-C，总面积 22.00hm^2。主要分布于泗安地区的长潮、仙山等地。

4.1.3.2　主要性状

该土种母质为奥陶纪的浅色凝灰岩风化物，岩性疏松，以物理风化为主，黏粒含量少，结持性差，易冲刷，土层较浅，剖面发育不明显。质地以重壤为主，土壤为酸性至弱酸性，pH 值在 4.5 ～ 6.5；土壤有机质、磷含量极缺，但速效钾含量较高。

4.1.3.3　典型剖面

剖面于 1981 年 5 月采自泗安镇师姑岗村。林地，经济林。剖面编号：潮 - 师 -2。剖面土体物理性质、养分状况和化学性质见表 4-5 和表 4-6。

A：0 ～ 12cm，黄棕色，重壤土，块状结构，较疏松。

$[B]_1$：13 ～ 28cm，灰棕色，重壤土，块状结构，较紧实。

$[B]_2$：29 ～ 54cm，灰白色，重壤土，块状结构，紧实，有少量的铁锰斑。

C：55 ～ 150cm，灰色，块状结构，较紧实，有少量的铁锰结核。

4.1.3.4　改良利用

应防止水土冲刷，增施有机肥，提高土壤肥力。目前大部分已开垦种植经济林木。

表 4-5　红粉泥土典型剖面土体物理性质

层次	深度 / cm	细土颗粒（粒径 /mm）组成 /%						
		粗砂 0.5 ～ 1	中砂 0.25 ～ 0.5	细砂 0.05 ～ 0.25	粗粉 0.01 ～ 0.05	中粉 0.005 ～ 0.01	细粉 0.001 ～ 0.005	黏粒 ＜ 0.001
A	0 ～ 12	7.29	7.59	9.99	30.14	14.24	13.41	17.34
$[B]_1$	13 ～ 28	7.32	8.21	10.40	29.11	15.23	12.03	17.70
$[B]_2$	29 ～ 54	8.96	7.49	12.14	21.62	13.08	28.70	8.01
C	55 ～ 150	—	—	—	—	—	—	—

表 4-6　红粉泥土典型剖面土体养分状况和化学性质

层次	有机质 /（g/kg）	全氮 /（g/kg）	C/N	有效磷 /（mg/kg）	速效钾 /（mg/kg）	pH 值	阳离子交换量 /（cmol/kg）
A	17.50	0.74	13.72	1.2	138.00	5.5	—
$[B]_1$	5.90	0.36	9.51	1.1	70.00	5.3	—
$[B]_2$	3.60	0.24	8.70	0.7	76.50	5.8	—
C	—	—	—	—	74.50	6.9	—

4.1.4 紫粉泥土

4.1.4.1 归属与分布

紫粉泥土（代号 131-2）属红壤土类，红壤性土亚类，红粉泥土土属，剖面构型 A-[B]-C，总面积 152.33hm^2。主要分布于泗安镇的仙山等地。

4.1.4.2 主要性状

该土种母质为紫色凝灰岩，土色带有母岩基色。其他性质同红粉泥土。

4.1.4.3 典型剖面

剖面于 1981 年 5 月采自泗安镇仙山村。林地，苗木。剖面编号：仙-长安-2。剖面土体物理性质、养分状况和化学性质见表 4-7 和表 4-8。

A：0 ～ 25cm，红棕，轻壤土，团块状结构，较疏松。

[B]：26 ～ 60cm，灰黄，轻壤土，团块状结构，有较多的铁锰结核，较紧实。

C：61 ～ 100cm，紧实。

4.1.4.4 改良利用

应防止水土冲刷，增施有机肥，提高土壤肥力。目前大部分已开垦种植经济林木。

表 4-7 紫粉泥土典型剖面土体物理性质

层次	深度 / cm	细土颗粒（粒径 /mm）组成 /%						
		粗砂 0.5 ～ 1	中砂 0.25 ～ 0.5	细砂 0.05 ～ 0.25	粗粉 0.01 ～ 0.05	中粉 0.005 ～ 0.01	细粉 0.001 ～ 0.005	黏粒 < 0.001
A	0 ～ 26	13.21	—	19.11	39.63	10.17	6.45	11.43
[B]	27 ～ 60	13.20	—	19.37	40.63	6.74	9.05	11.01
C	61 ～ 100	—	—	—	—	—	—	—

表 4-8 紫粉泥土典型剖面土体养分状况和化学性质

层次	有机质 /（g/kg）	全氮 /（g/kg）	C/N	有效磷 /（mg/kg）	速效钾 /（mg/kg）	pH 值	阳离子交换量 /（cmol/kg）
A	8.10	0.36	13.05	26.4	20.00	6.6	—
[B]	2.20	0.10	12.76	28.6	10.00	6.6	—
C	—	—	—	—	13.25	6.6	—

4.1.5 棕黄筋泥

4.1.5.1 归属与分布

棕黄筋泥（代号 142-2）属红壤土类，棕红壤亚类，亚棕黄筋泥土属，剖面构型 A-[B]-C，当地群众俗称“黄泥筋”，总面积约 3 765.73hm^2。主要分布于长潮、太傅、二界岭、泗安、水口、后洋、和平等地的海拔 50m 以下的低丘缓坡岗地上。

4.1.5.2 主要性状

该土种母质为第四纪红土（Q_2），土层深厚，表土呈棕红色，心底土呈暗棕红色，表土干时松散呈小块状，多孔隙，底层有较明显的红白网纹层。淹水后颗粒分散，黏糊，质地一般在砂壤土—轻黏土范围。土壤有机质含量低，磷、钾含量均属极缺范围内，土壤为弱酸性或酸性，pH 值在 5.0 ～ 6.5。

4.1.5.3 典型剖面

剖面于 1981 年 5 月采自泗安镇长岗岭牧场。旱地，苗木。剖面编号：长-牧-1。剖面土体物理性质、养分状况和化学性质见表 4-9 和表 4-10。

A：0 ～ 17cm，棕黄色，轻黏土，团块状结构，疏松。

$[B]_1$：18 ～ 40cm，浅黄色，中壤土，团块状结构，紧实，有少量铁锰斑。

$[B]_2$：41 ～ 150cm，棕黄色，轻黏土，团块状结构，较紧实，有大量铁锰结核。

4.1.5.4 改良利用

主要以天然降水灌溉为主，目前大多被开垦为旱耕地。以种植茶叶、苗木等经济作物为主。生产上重点做好培肥地力，降低酸度，增加有机肥的投入，增施钾肥；在防止水土和钾的流失的同时，尽量选用耐酸、耐旱、耐瘠的经济作物；有条件的区域种植冬绿肥，施用有机肥，合理使用石灰，调节土壤酸度，改善土壤理化性状。

表 4-9　棕黄筋泥典型剖面土体物理性质

层次	深度 / cm	细土颗粒（粒径 /mm）组成 /%						
		粗砂 0.5～1	中砂 0.25～0.5	细砂 0.05～0.25	粗粉 0.01～0.05	中粉 0.005～0.01	细粉 0.001～0.005	黏粒 ＜0.001
A	0～17	2.35	2.91	4.75	36.59	14.60	20.22	18.58
$[B]_1$	18～40	14.14	3.20	22.12	28.92	8.77	6.65	16.20
$[B]_2$	41～150	1.08	1.23	0.09	36.71	15.04	18.14	27.71

表 4-10　棕黄筋泥典型剖面土体养分状况和化学性质

层次	有机质 /（g/kg）	全氮 /（g/kg）	C/N	有效磷 /（mg/kg）	速效钾 /（mg/kg）	pH 值	阳离子交换量 /（cmol/kg）
A	18.80	0.74	14.74	2.5	56.50	6.4	9.95
$[B]_1$	12.10	0.71	9.88	1.8	44.00	5.4	—
$[B]_2$	—	—	—	—	40.50	5.4	—

4.1.6　亚棕黄筋泥

4.1.6.1　归属与分布

亚棕黄筋泥（代号 142-1）属红壤土类，棕红壤亚类，亚棕黄筋泥土属，剖面构型 A-[B]-C，当地群众称之为黄泥头。总面积约 7 490.07hm^2。分布于泗安、二界岭、仙山、水口、丁甲桥、后洋、白阜、太傅、林城、吴山、长城、和平等地的低丘谷旁阶地上。

4.1.6.2　主要性状

该土种母质为上更新世 Q_3 红土，土体较厚。但红壤化作用和风化度较棕黄筋泥要弱，表皮层棕黄至橙黄色。在底土层内常有较坚硬的铁、锰淀积层。土壤有机质含量低，磷、钾含量均属极缺范围内；pH 值在 5.0～6.0；土壤为酸性或弱酸性，pH 值较黄筋泥低；质地为重壤土至轻黏土。

4.1.6.3　典型剖面

剖面于 1981 年 5 月采自林城镇太傅村。旱地，经济作物。剖面编号：太-太-7。剖面土体物理性质、养分状况和化学性质见表 4-11 和表 4-12。

A：0～16cm，棕黄色，轻黏土，团块状结构，疏松。

$[B]_1$：17～27cm，浅黄色，轻黏土，团块状结构，较松，有少量铁锰斑。

$[B]_2$：28～46cm，褐黄，轻黏土，团块状结构，紧实，有较多铁锰结核。

$[B]_3$：47～150cm，棕色，轻黏土，团块状结构，紧实，有较多铁锰结核。

4.1.6.4　改良利用

增施有机肥料，因地制宜种植冬绿肥，调节土壤酸碱度，提高土壤潜在肥力，尽量延长地面作物生长时间或扩大秸秆覆盖面，防止土壤冲刷。目前多已开垦为旱耕地，大多种植经济作物及少部分旱粮作物。

表 4-11　亚棕黄筋泥典型剖面土体物理性质

层次	深度 / cm	细土颗粒（粒径 /mm）组成 /%						
		粗砂 0.5～1	中砂 0.25～0.5	细砂 0.05～0.25	粗粉 0.01～0.05	中粉 0.005～0.01	细粉 0.001～0.005	黏粒 ＜0.001
A	0～16	1.91	2.34	0.98	41.44	16.00	11.69	25.64
$[B]_1$	17～27	2.38	3.66	1.51	34.02	14.58	14.89	28.96
$[B]_2$	28～46	2.21	2.80	4.09	27.81	13.25	15.14	34.70
$[B]_3$	47～150	1.75	2.43	3.38	25.56	15.98	22.36	28.54

表 4-12　亚棕黄筋泥典型剖面土体养分状况和化学性质

层次	有机质 /（g/kg）	全氮 /（g/kg）	C/N	有效磷 /（mg/kg）	速效钾 /（mg/kg）	pH 值	阳离子交换量 /（cmol/kg）
A	10.10	0.49	11.96	1.80	35.50	5.0	8.47
$[B]_1$	7.40	0.35	12.26	1.50	39.50	5.0	—
$[B]_2$	6.00	0.28	12.43	1.60	53.00	5.2	—
$[B]_3$	—	—	—	—	69.00	5.4	—

4.2　紫色土土类

4.2.1　酸性紫砾土

4.2.1.1　归属与分布

酸性紫砾土（代号 321-4）属紫色土土类，酸性紫色土亚类，酸性紫砂土土属，剖面构型 A-C，总面积 1 529.67hm^2。主要分布于横山、二界岭等地。

4.2.1.2 主要性状

该土种母质为非石灰性紫色砂岩风化物。

4.2.1.3 典型剖面

剖面于1981年5月采自泗安镇钱庄村。低山区，经济林。剖面编号：泗-钱-9。剖面土体物理性质、养分状况和化学性质见表4-13和表4-14。

A：0～21cm，淡红，中壤土，小块状结构，较疏松。

C：22～150cm，淡红，单粒状结构，较紧实，有少量锰斑。

4.2.1.4 改良利用

加强水土保持，提高地面植被覆盖率。

表4-13 酸性紫砾土典型剖面土体物理性质

层次	深度/cm	细土颗粒（粒径/mm）组成/%						
		粗砂 0.5～1	中砂 0.25～0.5	细砂 0.05～0.25	粗粉 0.01～0.05	中粉 0.005～0.01	细粉 0.001～0.005	黏粒 <0.001
A	0～21	17.79	4.70	14.27	23.96	7.12	13.34	18.82
C	22～150	—	—	—	—	—	—	—

表4-14 酸性紫砾土典型剖面土体养分状况和化学性质

层次	有机质/(g/kg)	全氮/(g/kg)	C/N	有效磷/(mg/kg)	速效钾/(mg/kg)	pH值	阳离子交换量/(cmol/kg)
A	14.60	0.70	12.10	1.61	26.00	5.0	—
C	7.10	0.48	8.60	2.06	59.50	5.2	—

4.3 石灰岩土土类

4.3.1 黑油泥

4.3.1.1 归属与分布

黑油泥（代号411-1）属石灰岩土土类，黑色石灰土亚类，黑油泥土属，剖面构型A-C，总面积155.53hm^2。主要分布于李家巷、煤山、槐坎、吴山等地。

4.3.1.2 主要性状

母质为石灰岩和泥质灰岩风化物，常与石灰岩露头呈穿插零星分布。土层浅薄。据 3 个剖面统计，表层 5 ～ 15cm，平均为 8.6cm。受母岩影响较大，pH 值一般为 7 左右，质地轻黏土至中黏土，全土层土色较深暗，核粒状结构，可塑性大，表面易结光滑发亮的薄层，有机质含量一般在 30 ～ 40g/kg。

4.3.1.3　典型剖面

剖面于 1981 年 5 月采自煤山镇五通村。旱地，蔬菜地。剖面编号：煤-泗-5。剖面土体物理性质、养分状况和化学性质见表 4-15 和表 4-16。

A：0 ～ 5cm，黑褐色，轻黏土，粒状结构，疏松；石灰反应较强。

C：6 ～ 40cm，黑褐色，中黏土，粒状结构，紧实，有少量铁锰斑；石灰反应中等。

4.3.1.4　改良利用

目前大多开垦为旱耕地，面积较小又零星。须加强水土保持，保持较高地面植被覆盖率。

表 4-15　黑油泥典型剖面土体物理性质

层次	深度 / cm	细土颗粒（粒径 /mm）组成 /%						
		粗砂 0.5 ～ 1	中砂 0.25 ～ 0.5	细砂 0.05 ～ 0.25	粗粉 0.01 ～ 0.05	中粉 0.005 ～ 0.01	细粉 0.001 ～ 0.005	黏粒 ＜ 0.001
A	0 ～ 5	0.53	0.86	14.34	22.66	11.38	19.45	30.78
C	6 ～ 40	0.40	0.42	3.73	25.53	13.09	22.87	33.96

表 4-16　黑油泥典型剖面土体养分状况和化学性质

层次	有机质 /（g/kg）	全氮 /（g/kg）	C/N	有效磷 /（mg/kg）	速效钾 /（mg/kg）	pH 值	阳离子交换量 /（cmol/kg）
A	39.10	3.69	12.43	4.92	175.00	6.9	—
C	34.80	2.36	11.01	3.88	130.00	6.7	—

4.3.2　油黄泥

4.3.2.1　归属与分布

油黄泥（代号 421-1）属石灰岩土土类，棕色石灰土亚类，油黄泥土属，剖面构型 A-C，总面积 1 983.80hm^2。其分布同黑油泥相同，在石灰岩分布地区。

4.3.2.2　主要性状

母质为石灰岩和泥质灰岩风化物。土层较深厚，上部土壤呈弱酸性或中性，pH 值在 5.5～7.0；心、底土受母岩影响，呈石灰性反应，据 9 个剖面统计，pH 值在 6.5～7.5，石灰性反应；土壤有机质含量中等以及偏上，土壤磷含量缺乏，土壤钾含量丰富；土体呈棕黄色，质地以轻黏土为主，土体型较大。

4.3.2.3　典型剖面

剖面于 1981 年 5 月采自煤山镇新槐村。旱地，菜地。剖面编号：槐-勤-4。剖面土体物理性质、养分状况和化学性质见表 4-17 和表 4-18。

A：0～9cm，棕灰色，轻黏土，粒状结构，疏松；无石灰反应。

AC：10～30cm，棕色，轻黏土，团块状结构，较紧实，有少量铁锰斑；无石灰反应。

C：31～150cm，有石灰反应。

4.3.2.4　改良利用

目前大多开垦的旱耕地，种植经济作物与旱粮作物。生产上重点做好培肥地力，增加有机肥的投入，改善土壤理化性状。

表 4-17　油黄泥典型剖面土体物理性质

层次	深度 / cm	细土颗粒（粒径 /mm）组成 /%						
		粗砂 0.5～1	中砂 0.25～0.5	细砂 0.05～0.25	粗粉 0.01～0.05	中粉 0.005～0.01	细粉 0.001～0.005	黏粒 ＜0.001
A	0～9	0.43	0.79	12.79	24.16	12.14	20.41	29.28
AC	10～30	0.65	1.05	11.04	24.76	10.55	17.22	34.73
C	31～150	—	—	—	—	—	—	—

表 4-18　油黄泥典型剖面土体养分状况和化学性质

层次	有机质 /（g/kg）	全氮 /（g/kg）	C/N	有效磷 /（mg/kg）	速效钾 /（mg/kg）	pH 值	阳离子交换量 /（cmol/kg）
A	43.80	3.03	12.21	4.18	228.00	7.2	—
AC	24.10	2.37	10.79	4.12	152.00	7.0	—
C	—	—	—	—	—	—	—

4.4　粗骨土类

4.4.1　石砂土

4.4.1.1　归属与分布

石砂土（代号 511-1）属粗骨土类，酸性粗骨土亚类，石砂土土属，总面积 9 892.67hm^2。主要分布于在煤山、泗安、和平等地的山区中。

4.4.1.2　主要性状

母质为各种火成岩和沉积岩的风化残积体，表土层浅薄，酸性或弱酸性，剖面发育差，剖面构造：A_0-A_1-$(B)_1$ 或 A_0-A_1-C。但粗有机质含量较高。据第二次土壤普查 23 个样本统计，pH 值在 5.0～6.0，有机质平均值为 31.1g/kg；另据 2003 年全县耕地地力调查与质量评价 33 个评价单元分析结果统计，pH 值为 5.34，有机质平均值为 34.8g/kg；土壤磷、钾含量缺乏。

4.4.1.3　改良利用

应注意水土保持，提高地面植被覆盖率。

4.4.2　红砂土

4.4.2.1　归属与分布

红砂土（代号 514-1）属粗骨土类，酸性粗骨土亚类，红砂土土属，剖面构型 A-C，总面积 2 267.53hm^2。主要分布于在后洋、仙山、泗安、和平等地。

4.4.2.2　主要性状

母质为非石灰性红色砂岩、砂页岩和砂砾岩风化物，岩性疏松，易物理风化，土体松散，缺乏黏粒，显砂性，土体结持性差，易冲刷，土层浅薄，据 7 个主剖面统计，表层厚度 5～22cm，平均为 16.6cm，土壤有机质含量低，磷、钾含量极缺乏，土壤为酸性或弱酸性，pH 值在 5.0～6.0。成土作用弱，土体具有原母岩色泽，质地为中壤土至轻黏土，以重壤土为主。

4.4.2.3 典型剖面

剖面于1981年5月采自泗安镇仙山村。林地，苗木。剖面编号：仙-斗-8。剖面土体物理性质、养分状况和化学性质见表4-19和表4-20。

A：0～22cm，褐黄色，重壤土，块粒状结构，疏松。

C_1：23～55cm，红黄色，轻黏土，单粒状结构，紧实，有大量铁锰斑。

C_2：56～150cm，棕红色，中壤土，单粒状结构，紧实。

4.4.2.4 改良利用

由于砂性较强，易冲刷，重点以蓄水保土，提高土壤肥力为重点，延长植被覆盖时间。目前多为已开垦为经济林地。

表4-19 红砂土典型剖面土体物理性质

层次	深度/cm	细土颗粒（粒径/mm）组成/%						
		粗砂 0.5～1	中砂 0.25～0.5	细砂 0.05～0.25	粗粉 0.01～0.05	中粉 0.005～0.01	细粉 0.001～0.005	黏粒 <0.001
A	0～22	15.33	—	9.04	28.13	10.00	14.79	22.71
C1	23～55	11.31	—	14.44	23.17	9.89	14.62	26.57
C2	56～150	30.14	—	16.45	13.94	8.36	14.72	16.39

表4-20 红砂土典型剖面土体养分状况和化学性质

层次	有机质/(g/kg)	全氮/(g/kg)	C/N	有效磷/(mg/kg)	速效钾/(mg/kg)	pH值	阳离子交换量/(cmol/kg)
A	13.90	0.70	11.52	2.8	28.50	5.3	—
C1	4.00	0.35	6.63	1.4	35.00	5.5	—
C2	—	—	—	—	58.00	5.7	—

4.5 潮土土类

4.5.1 洪积泥砂土

4.5.1.1 归属与分布

洪积泥砂土（代号811-1）属潮土土类，灰潮土亚类，洪积泥砂土土属，剖面构型A-B-C，总面积3 766.53hm^2。主要分布于后洋、合溪、煤山、白阜、和平、太傅、丁甲桥等地。

4.5.1.2　主要性状

母质为近代洪冲积物，土体中砂、砾、泥混杂，无明显层理，砾石大小，磨圆度均不一，土层厚薄不一，变化较大。据 15 个剖面统计，表土层 5 ～ 25cm，平均 14.1cm。土壤为弱酸性或中性；土壤有机质、磷、钾含量偏低，漏水漏肥严重，质地轻壤—砂壤。

4.5.1.3　典型剖面

剖面于 1981 年 6 月采自画溪街道白阜村。旱地，菜地。剖面编号：阜-礼-3。剖面土体物理性质、养分状况和化学性质见表 4-21 和表 4-22。

A：0 ～ 13cm，棕色，轻壤土，粒状结构，疏松。

B：14 ～ 82cm，棕黄色，轻壤土，粒状结构，较紧实，有较多铁锰结核。

4.5.1.4　改良利用

目前大多已开垦为旱耕地和水田。针对砾石、砂、泥混杂、质地轻松，漏水漏肥严重，土壤有机质含量低的问题，重点增厚耕作层，提高土壤有机质量，实行肥耕轮作，套作，用养结合，做好防洪设施，防治表土冲刷。

表 4-21　洪积泥砂土典型剖面土体物理性质

层次	深度 / cm	细土颗粒（粒径 /mm）组成 /%						
		粗砂 0.5 ～ 1	中砂 0.25 ～ 0.5	细砂 0.05 ～ 0.25	粗粉 0.01 ～ 0.05	中粉 0.005 ～ 0.01	细粉 0.001 ～ 0.005	黏粒 < 0.001
A	0 ～ 13	3.82	11.45	34.93	21.45	16.57	7.40	4.38
B	14 ～ 82	2.66	6.31	34.85	26.56	8.17	9.19	12.26
C	83 ～ 150	—	—	—	—	—	—	—

表 4-22　洪积泥砂土典型剖面土体养分状况和化学性质

层次	有机质 /（g/kg）	全氮 /（g/kg）	C/N	有效磷 /（mg/kg）	速效钾 /（mg/kg）	pH 值	阳离子交换量 /（cmol/kg）
A	17.60	0.92	11.05	8.31	78.00	6.6	—
B	6.60	0.47	8.11	8.57	38.00	6.2	—
C	—	—	—	—	—	—	—

4.5.2 培泥砂土

4.5.2.1 归属与分布

培泥砂土（代号 813-1）属潮土土类，灰潮土亚类，培泥砂土土属，剖面构型 A-B-C，总面积 472.73hm^2。

4.5.2.2 主要性状

母质为河（溪）新冲积物，处于低河漫滩上，目前有时还受大洪水淹没，仍处于不断冲刷淤积过程中，质地轻壤土—重壤土。由于成土较轻。剖面发育较差，有少量铁、锰点状淀积，底层常有河床相的乱石层出现。土壤有机质含量不高。土壤钾、磷含量缺乏。土壤呈弱酸性，pH 值在 5.5～6.5。

4.5.2.3 典型剖面

剖面于 1981 年 10 月采自和平镇吴山村。旱地，蔬菜。剖面编号：吴-王-3。剖面土体物理性质、养分状况和化学性质见表 4-23 和表 4-24。

A：0～16cm，棕色，重壤土，块状结构，疏松。

B_1：17～36cm，暗黄，重壤土，块状结构，疏松，有少量铁锰结核。

B_2：37～150cm，暗黄，中壤土，细粒结构，疏松，有少量铁锰结核。

4.5.2.4 改良利用

目前大多开垦为旱耕地，种植经济作物及旱粮作物，也有部分改为水田。注意防止表土被洪水冲失，积极发展绿肥，增加土壤有机质含量，用、养结合，施肥上注意少量多施，防治肥料流失。

表 4-23 培泥砂土典型剖面土体物理性质

层次	深度 / cm	细土颗粒（粒径 /mm）组成 /%						
		粗砂 0.5～1	中砂 0.25～0.5	细砂 0.05～0.25	粗粉 0.01～0.05	中粉 0.005～0.01	细粉 0.001～0.005	黏粒 ＜0.001
A	0～16	0.39	3.32	17.11	38.99	11.29	14.56	14.36
B_1	17～36	0.31	3.67	16.43	37.12	11.34	14.64	14.49
B_2	37～150	0.35	2.33	22.12	35.44	12.15	8.24	19.37

表 4-24　培泥砂土典型剖面土体养分状况和化学性质

层次	有机质 /（g/kg）	全氮 /（g/kg）	C/N	有效磷 /（mg/kg）	速效钾 /（mg/kg）	pH 值	阳离子交换量 /（cmol/kg）
A	12.00	0.74	9.36	5.28	24.00	6.0	—
B_1	9.20	0.60	8.85	5.66	28.00	6.2	—
B_2	7.50	0.49	8.84	5.94	26.00	6.2	—

4.5.3　泥砂土

4.5.3.1　归属与分布

泥砂土（代号 814-1）属潮土土类，灰潮土亚类，泥砂土土属，剖面构型 A-B-C，总面积 1 463.13hm^2。主要分布于水口、丁甲桥、泗安、长潮、太傅、二界岭、合溪、煤山、槐坎、白阜、白岘、和平、吴山等地。

4.5.3.2　主要性状

母质为河流老冲积物，处在高河漫滩上，已脱离洪水影响，成土年龄较久，土壤熟化度较高，剖面发育完整，具有 A-B-C 型，有明显的淀积层。质地砂壤土至重壤土，土壤有机质、磷、钾含量缺乏，土体松软透气，渗水性良好，作物起发快。依 18 个剖面统计，表层平均厚度 16.7cm。土壤呈酸性或弱酸性，pH 值在 5.2～6.5。

4.5.3.3　典型剖面

剖面于 1981 年 5 月采自泗安镇二界岭村。旱地，苗木。剖面编号：二-涧-7。剖面土体物理性质、养分状况和化学性质见表 4-25 和表 4-26。

A：0～19cm，紫红，砂壤土，小块状结构，疏松。

B_1：20～53cm，紫红，砂壤土，小块状结构，疏松，有少量铁锰斑。

B_2：54～150cm，紫红，砂壤土，小块状结构。

4.5.3.4　改良利用

目前大多开垦为旱地。应注意保持土壤肥力，防止肥力衰退，作物布局上，注意绿色过冬，特别是套种绿肥；施肥上要注意在增氮基础上增施磷、钾肥，保持土壤肥力的平衡性。

表 4-25 泥砂土典型剖面土体物理性质

层次	深度 / cm	细土颗粒（粒径 /mm）组成 /%						
		粗砂 0.5～1	中砂 0.25～0.5	细砂 0.05～0.25	粗粉 0.01～0.05	中粉 0.005～0.01	细粉 0.001～0.005	黏粒 ＜0.001
A	0～19	12.04	0.88	50.51	22.01	3.92	2.21	8.44
B_1	20～53	26.05	0.60	33.55	21.32	4.06	5.17	9.25
B_2	54～150	—	—	—	—	—	—	—

表 4-26 泥砂土典型剖面土体养分状况和化学性质

层次	有机质 /（g/kg）	全氮 /（g/kg）	C/N	有效磷 /（mg/kg）	速效钾 /（mg/kg）	pH 值	阳离子交换量 /（cmol/kg）
A	10.70	0.53	11.66	2.47	52.50	5.4	—
B_1	6.60	0.35	10.89	2.15	22.50	5.4	—
B_2	—	—	—	—	—	—	—

4.5.4 砾塥泥砂土

4.5.4.1 归属与分布

砾塥泥砂土（代号 814-2）属潮土土类，灰潮土亚类，泥砂土土属，剖面构型 A-B-C，总面积 276.53hm^2。主要分布于水口、丁甲桥、泗安、长潮、太傅、二界岭、合溪、煤山、槐坎、白阜、白岘、和平、吴山等地。

4.5.4.2 主要性状

母质为河流老冲积物，处在高河漫滩上，已脱离洪水影响，成土年龄较久，土壤熟化度较高，剖面发育完整，具有 A-B-C 型，有明显的淀积层。质地中壤至重壤，土体松软透气，渗水性良好，作物起发快。只是在 40cm 以内的土层中出现古河床相的卵石层。土壤有机质、磷含量缺乏，土壤钾含量正常；土壤以弱酸性为主，pH 值在 5.5～6.5。

4.5.4.3 典型剖面

剖面于 1981 年 6 月采自水口乡沉其岭村。旱地，经济作物。剖面编号：水-沉-1。剖面土体物理性质、养分状况和化学性质见表 4-27 和表 4-28。

A：0 ～ 13cm，灰棕，中壤土，小块状结构，疏松。

B：14 ～ 42cm，灰棕，中壤土，小块状结构，疏松。

C：43 ～ 150cm，红棕，散粒状结构，紧实，有少量铁锰斑。

4.5.4.4　改良利用

目前大多开垦为旱地。应注意保持土壤肥力，防止肥力衰退，作物布局上，注意绿色过冬，特别是绿肥种植；施肥上要注意在增氮基础上增施磷、钾肥，保持土壤肥力的平衡性。

表 4-27　砾塥泥砂土典型剖面土体物理性质

层次	深度 / cm	细土颗粒（粒径 /mm）组成 /%						
		粗砂 0.5 ～ 1	中砂 0.25 ～ 0.5	细砂 0.05 ～ 0.25	粗粉 0.01 ～ 0.05	中粉 0.005 ～ 0.01	细粉 0.001 ～ 0.005	黏粒 ＜ 0.001
A	0 ～ 13	2.54	6.08	28.58	26.72	9.25	10.57	16.26
B	14 ～ 42	5.51	7.24	31.12	25.67	8.10	7.65	14.71
C	43 ～ 150	—	—	—	—	—	—	—

表 4-28　砾塥泥砂土典型剖面土体养分状况和化学性质

层次	有机质 /（g/kg）	全氮 /（g/kg）	C/N	有效磷 /（mg/kg）	速效钾 /（mg/kg）	pH 值	阳离子交换量 /（cmol/kg）
A	15.70	0.84	10.79	4.22	143.00	5.9	—
B	11.90	0.70	9.82	4.16	36.00	5.8	—
C	—	—	—	—	—	—	—

4.5.5　潮松土

4.5.5.1　归属与分布

潮松土（代号 815-2）属潮土土类，灰潮土亚类，潮泥土土属，剖面构型 A-B-C，总面积 616.73hm^2。主要分布于太湖沿岸的横山、新塘、夹浦、丁甲桥等地。

4.5.5.2　主要性状

母质为滨湖相沉积物，全土层匀细，土壤发育弱，质地为轻壤土至中壤土，土壤以弱酸性土为主，pH 值在 5.5 ～ 6.5。土壤有机质、磷、钾含量均缺乏；

地表排水良好、土壤有机质矿质化速率大，含量低，作物起发快，但后期易脱力。

4.5.5.3 典型剖面

剖面于1981年10月采自夹浦镇长平村。旱地，蔬菜地。剖面编号：夹-西-7。剖面土体物理性质、养分状况和化学性质见表4-29和表4-30。

A：0～23cm，棕黄色，轻壤土，块状结构，疏松。

B：24～150cm，棕黄色，中壤土，块状结构，紧实，有少量铁斑。

4.5.5.4 改良利用

目前大多为蔬菜地和桑地。须进一步培肥能力，扩种绿肥面积，增施有机肥料，注重磷、钾肥科学配施，由于土壤保肥性差，氮肥施用应防止一烘头，注意后期脱力早衰。

表4-29 潮松土典型剖面土体物理性质

层次	深度/cm	细土颗粒（粒径/mm）组成/%						
		粗砂 0.5～1	中砂 0.25～0.5	细砂 0.05～0.25	粗粉 0.01～0.05	中粉 0.005～0.01	细粉 0.001～0.005	黏粒 < 0.001
A	0～23	0.99	0.55	7.42	62.82	9.27	8.65	10.30
B	24～150	0.97	0.50	4.11	60.43	10.85	10.74	12.40

表4-30 潮松土典型剖面土体养分状况和化学性质

层次	有机质/(g/kg)	全氮/(g/kg)	C/N	有效磷/(mg/kg)	速效钾/(mg/kg)	pH值	阳离子交换量/(cmol/kg)
A	10.30	0.81	9.31	4.40	21.00	5.8	10.06
B	6.00	0.45	7.73	4.02	16.00	6.0	—

4.5.6 壤质堆叠土

4.5.6.1 归属与分布

壤质堆叠土（代号816-2）属潮土土类，灰潮土亚类，堆叠土土属，剖面构型A-B-C，总面积4 394.80hm^2。主要分布于水网平原地区独立的、高出田面1～2m的垄地。全县各平原乡镇均有分布。

4.5.6.2 主要性状

母质为湖、河相沉积物，大多为人工搬运再堆叠而成，排水良好，土壤质地视其周水田类型而定。一般为中壤至轻黏土，土层厚；土壤为弱酸性或中性，pH 值在 5.5 ～ 7.0；土壤有机质缺乏，土壤磷、钾含量正常；据 34 个剖面统计，表土层厚度在 10 ～ 45cm，平均厚度为 20.3cm。

4.5.6.3　典型剖面

剖面于 1981 年 10 月采自太湖街道陆家村。旱地，蔬菜地。剖面编号：下-乌-4。剖面土体物理性质、养分状况和化学性质见表 4-31 和表 4-32。

A：0 ～ 21cm，灰棕，重壤土，块状结构，疏松。

B_1：22 ～ 46cm，灰棕，重壤土，块状结构，较紧实，有少量铁锰斑。

B_2：47 ～ 100cm，灰棕，轻黏土，团块状结构，紧实，有少量铁锰斑。

4.5.6.4　改良利用

主要以天然降水为主，目前大多用为桑地及菜地。生产上重点做好防止水土流失，增施有机肥，培肥地力，改善土壤理化性状。

表 4-31　堆叠土典型剖面土体物理性质

层次	深度 / cm	细土颗粒（粒径 /mm）组成 /%						
		粗砂 0.5 ～ 1	中砂 0.25 ～ 0.5	细砂 0.05 ～ 0.25	粗粉 0.01 ～ 0.05	中粉 0.005 ～ 0.01	细粉 0.001 ～ 0.005	黏粒 < 0.001
A	0 ～ 21	0.66	1.05	5.05	47.13	13.32	14.14	18.65
B_1	22 ～ 46	1.03	1.44	5.22	44.10	14.36	16.21	17.64
B_2	47 ～ 100	0.64	0.82	4.82	42.23	14.41	18.34	18.74

表 4-32　堆叠土典型剖面土体养分状况和化学性质

层次	有机质 /（g/kg）	全氮 /（g/kg）	C/N	有效磷 /（mg/kg）	速效钾 /（mg/kg）	pH 值	阳离子交换量 /（cmol/kg）
A	15.10	0.78	11.18	8.04	82.00	6.2	—
B_1	16.00	0.86	10.74	8.75	91.00	6.2	—
B_2	—	—	—	—	91.00	6.2	—

4.6　水稻土土类

4.6.1　黄油泥田

4.6.1.1　归属与分布

黄油泥田（代号 1015-1）属水稻土土类，淹育水稻土亚类，黄油泥田土属，剖面构型 A-Ap-C；总面积 315.73hm^2。主要分布于在石灰岩较为集中的李家巷、后洋、吴山、煤山、槐坎、白岘等地。

4.6.1.2 主要性状

母质为石灰岩及泥质岩风化物的坡积及其经短距离搬运的再积物。由油红泥、油黄泥、黑黄泥旱地土壤经水耕熟化发育而来的。质地重壤土至黏轻土，以重壤、轻黏为主。土色较暗、大多数耕层无石灰反应，呈弱酸性或中性，pH 值在 6.0～7.0，心底土大多有石灰性反应，pH 值在 7.5 左右。土层深厚，耕性黏韧，可塑性大，湿时浆烂，干时坚硬龟裂。土壤有机质含量正常，磷、钾含量缺乏。

4.6.1.3 典型剖面

剖面于 1982 年 5 月自煤山镇白岘村。水田，粮油作物。剖面编号：白-罗-5。剖面土体物理性质、养分状况和化学性质见表 4-33 和表 4-34。

A：0～12cm，棕色，轻黏土，团块状结构，疏松；有石灰反应。

Ap：13～20cm，棕色，重壤土，团块状结构，较紧实；有石灰反应。

C：21～100cm，棕色，轻黏土，单粒状结构，紧实，有大量铁锰结核；有较强石灰反应。

4.6.1.4 改良利用

耕性差，土壤磷、钾含量缺乏，施肥见效慢，作物前期迟发。因此应重视增加有机肥用量，配施磷、钾肥，推广秸秆还田，改良耕性。

表 4-33 黄油泥田典型剖面土体物理性质

层次	深度 / cm	细土颗粒（粒径 /mm）组成 /%						
		粗砂 0.5～1	中砂 0.25～0.5	细砂 0.05～0.25	粗粉 0.01～0.05	中粉 0.005～0.01	细粉 0.001～0.005	黏粒 < 0.001
A	0～12	1.85	1.70	12.26	32.73	13.08	14.62	23.77
Ap	13～20	2.94	2.14	13.25	33.76	11.25	14.37	22.29
C	21～100	1.46	1.69	10.83	33.27	11.08	15.21	26.46

表 4-34　黄油泥田典型剖面土体养分状况和化学性质

层次	有机质 /（g/kg）	全氮 /（g/kg）	C/N	有效磷 /（mg/kg）	速效钾 /（mg/kg）	pH 值	阳离子交换量 /（cmol/kg）
A	34.70	1.97	10.22	5.95	66.00	6.0	—
Ap	31.10	1.74	10.37	4.81	60.50	6.1	—
C	21.50	1.16	10.57	5.17	95.50	6.8	—

4.6.2　湖松田

4.6.2.1　归属与分布

湖松田［代号 101（10）-1］属水稻土土类，淹育水稻土亚类，湖松田土属，剖面构型 A-Ap-C；总面积 1 000.73hm^2。主要分布于新塘、洪桥、夹浦、丁甲桥等地的太湖沿岸。

4.6.2.2　主要性状

母质为滨湖相近代沉积物，分布于太湖沿岸，老塘路外缘，耕作年代短，剖面发育较差，犁底层不明显，整个剖面色泽一致，无多大差别。质地砂壤至重壤土。土壤以弱酸性或中性为主，pH 值在 5.5～7.0；土壤有机质含量正常，磷、钾含量缺乏。不时遭太湖洪水位淹没。

4.6.2.3　典型剖面

剖面于 1982 年 10 月采自夹浦镇丁新村。水田，粮油作物。剖面编号：丁-文-4。剖面土体物理性质、养分状况和化学性质见表 4-35 和表 4-36。

A：0～18cm，棕灰，重壤土，团块状结构，疏松。

Ap：19～28cm，青灰，重壤土，团块状结构，紧实。

C：29～100cm，黄灰，轻壤土，单粒状结构，较松，有大量铁锰结核。

4.6.2.4　改良利用

目前以水稻种植和设施地效益农业为主。作物起发快，但成穗率低，易脱力早衰。改良以培肥地力为主攻方向，着重应增加有机肥用量，提高土壤有机质含量，改善土壤结构，增强保肥供肥能力。调整作物布局，实行旱水轮作的耕作制度，冬季推广菜粮轮作。加强水利建设，防止太湖洪水淹没，使之建设成高产增效。

表 4-35 湖松田典型剖面土体物理性质

层次	深度 / cm	细土颗粒（粒径 /mm）组成 /%						
		粗砂 0.5 ～ 1	中砂 0.25 ～ 0.5	细砂 0.05 ～ 0.25	粗粉 0.01 ～ 0.05	中粉 0.005 ～ 0.01	细粉 0.001 ～ 0.005	黏粒 ＜ 0.001
A	0 ～ 18	0.21	0.46	4.72	52.91	14.11	8.92	18.67
Ap	19 ～ 28	0.12	0.29	3.41	54.69	16.10	11.97	13.42
C	29 ～ 100	0.45	0.53	9.09	67.86	7.27	4.09	10.71

表 4-36 湖松田典型剖面土体养分状况和化学性质

层次	有机质 /（g/kg）	全氮 /（g/kg）	C/N	有效磷 /（mg/kg）	速效钾 /（mg/kg）	pH 值	阳离子交换量 /（cmol/kg）
A	34.60	1.99	10.08	4.46	44.00	5.8	16.54
Ap	30.20	1.73	10.12	4.03	33.00	6.2	—
C	4.20	0.26	9.37	3.26	25.00	7.0	—

4.6.3 培泥砂田

4.6.3.1 归属与分布

培泥砂田（代号 1021-1）属水稻土土类，渗育水稻土亚类，培泥砂田土属，剖面构型 A-Ap-P-C；总面积 2 696.73hm^2。主要分布于吴山、便民桥、合溪等地。

4.6.3.2 主要性状

母质为河流新冲积物，局部地段目前尚处于不断淤积的过程中，土壤剖面发育不明显，底土可见少量铁锰点状淀积，土色棕黄至淡黄，母质层有沉积层理。质地砂壤土至重壤土。土壤为弱酸性或中性，pH 值在 5.5 ～ 7.0；有机质速率快，难于积累，磷、钾含量也较低。

4.6.3.3 典型剖面

剖面于 1982 年 5 月采自小浦镇五庄村。水田，粮油作物。剖面编号：合-五-4。剖面土体物理性质、养分状况和化学性质见表 4-37 和表 4-38。

A：0 ～ 16cm，暗灰，重壤土，团粒状结构，疏松。

Ap：17 ～ 36cm，暗灰，重壤土，小块状结构，紧实。

P_1：37～47cm，青灰，重壤土，小块状结构，紧实，有少量铁锰斑。

P_2：48～70cm，灰白，轻壤土，小块状结构，疏松，有少量铁锰斑。

C：71～100cm，棕黄，中壤土，单粒状结构，疏松，有较多铁锰斑。

4.6.3.4　改良利用

目前以水稻种植和设施地效益农业为主，施肥后见效快，发小苗，老相差，后期易脱力早衰。改良利用上：由于质地轻松，有机质贫乏，缺磷少钾，洪水仍有淹没危险，因此，以兴修圩堤，防洪为主，增加有机肥用量，积极发展冬绿肥，合理调整布局，推广秸秆还田，改善土壤结构。提高土壤肥力水平，注重磷、钾肥施用。

表 4-37　培泥砂田典型剖面土体物理性质

层次	深度 / cm	细土颗粒（粒径 /mm）组成 /%						
		粗砂 0.5～1	中砂 0.25～0.5	细砂 0.05～0.25	粗粉 0.01～0.05	中粉 0.005～0.01	细粉 0.001～0.005	黏粒 ＜0.001
A	0～16	0.20	0.49	17.68	35.71	13.27	15.30	17.35
Ap	17～36	0.29	0.20	15.74	38.19	13.76	15.26	16.56
P_1	37～47	0.88	1.25	17.44	30.32	9.76	14.39	25.96
P_2	48～70	0.32	0.72	59.27	17.70	3.54	7.08	10.37
C	71～100	0.14	0.41	30.47	31.29	7.18	10.23	19.75

表 4-38　培泥砂田典型剖面土体养分状况和化学性质

层次	有机质 /（g/kg）	全氮 /（g/kg）	C/N	有效磷 /（mg/kg）	速效钾 /（mg/kg）	pH 值	阳离子交换量 /（cmol/kg）
A	28.10	1.69	9.64	2.8	35.00	5.6	7.83
Ap	11.80	0.84	8.15	2.57	25.00	6.7	—
P_1	7.60	0.52	8.48	2.7	44.00	6.8	—
P_2	—	—	—	—	20.00	6.7	—
C	—	—	—	—	39.00	6.7	—

4.6.4　砂田

4.6.4.1　归属与分布

砂田（代号 1021-5）属水稻土土类，渗育水稻土亚类，培泥砂田土属，剖面构型 A-Ap-P-C；总面积 139.07hm^2，零星分布于吴山西苕溪外滩。

4.6.4.2 主要性状

母质同培泥砂田，开辟水田历史较短，质地为砂土—中壤土，土壤为弱酸性，pH 值在 5.5 ~ 6.5；全土层砂性，弱结构。土壤有机质、磷、钾含量缺乏、汀板性强、易漏水漏。

4.6.4.3 典型剖面

剖面于 1982 年 10 月采自和平镇小溪口村。水田，种植蔬菜。剖面编号：吴-斗门-1。剖面土体物理性质、养分状况和化学性质见表 4-39 和表 4-40。

A：0 ~ 14cm，棕灰，中壤，团块状结构，较紧实。

Ap：15 ~ 21cm，青灰，轻壤，块状结构，松疏。

P：22 ~ 100cm，棕色，粉砂，块状结构，松疏，有大量铁锰结核。

4.6.4.4 改良利用

目前以水稻、蔬菜种植为主，苗期起发快，后期早衰严重。生产上重点做好培肥地力，增加有机肥的投入，注重磷、肥的合理施用；有条件的区域种植冬绿肥，改善土壤理化性状。

表 4-39 砂田典型剖面土体物理性质

层次	深度 / cm	细土颗粒（粒径 /mm）组成 /%						
		粗砂 0.5 ~ 1	中砂 0.25 ~ 0.5	细砂 0.05 ~ 0.25	粗粉 0.01 ~ 0.05	中粉 0.005 ~ 0.01	细粉 0.001 ~ 0.005	黏粒 < 0.001
A	0 ~ 14	0.06	0.06	15.77	47.77	10.17	12.46	13.71
Ap	15 ~ 21	0.19	3.0	20.33	49.21	9.31	11.7	6.26
P	22 ~ 100	—	—	—	—	—	—	—

表 4-40 砂田典型剖面土体养分状况和化学性质

层次	有机质 / (g/kg)	全氮 / (g/kg)	C/N	有效磷 / (mg/kg)	速效钾 / (mg/kg)	pH 值	阳离子交换量 / (cmol/kg)
A	27.50	1.69	9.44	4.02	24.00	5.9	—
Ap	15.2	1.03	8.72	3.78	21.57	5.7	—
P	—	—	—	—	—	—	—

4.6.5　棕黄筋泥田

4.6.5.1　归属与分布

棕黄筋泥田（代号 1023-1）属水稻土土类，潴育水稻土亚类，棕黄筋泥田土属，剖面构型为A-Ap-P-C；总面积58.73hm^2。零星分布在和平镇的三矿区，地形为丘陵岗地的岗背上，多系梯田。

4.6.5.2　主要性状

母质为第四纪红土经水耕熟化而形成的，植稻时间较短，剖面发育不很明显，地水位较深，不直接参与剖面发育过程，潴育层铁锰分离，上层铁下层锰。表土层质地大多为重壤至轻黏土。土壤为弱酸性，pH 值在 5.5 ～ 6.5；土壤有机质、磷、钾含量均缺乏。

4.6.5.3　典型剖面

剖面于 1982 年 10 月采自和平镇三矿。水田，种植苗木。剖面编号：吴-三矿-8。剖面土体物理性质、养分状况和化学性质见表 4-41 和表 4-42。

A：0 ～ 12cm，浅棕，轻黏土，团块状结构，疏松。

Ap：13 ～ 20cm，浅棕，轻黏土，块状结构，较紧实。

P：21 ～ 51cm，黄棕，轻黏土，块状结构，较紧实，有大量铁锰结核。

C：52 ～ 100cm，黄棕，轻黏土，弱块状结构，紧实，有大量铁锰结核。

4.6.5.4　改良利用

由于水源短缺，土壤有机质含量低，酸度高，缺磷明显，水稻起发慢，往往有缺素和毒害发僵，易受旱；所以应在解决水源基础上，增施有机肥，实行秸秆还田，提高土壤肥力丰度，重视磷肥施用，进行合理轮作。

表 4-41　棕黄筋泥田典型剖面土体物理性质

层次	深度 / cm	细土颗粒（粒径 /mm）组成 /%						
		粗砂 0.5 ～ 1	中砂 0.25 ～ 0.5	细砂 0.05 ～ 0.25	粗粉 0.01 ～ 0.05	中粉 0.005 ～ 0.01	细粉 0.001 ～ 0.005	黏粒 ＜ 0.001
A	0 ～ 12	1.45	1.68	6.34	32.53	12.95	12.63	32.42
Ap	13 ～ 20	2.07	1.88	5.14	31.08	14.59	15.85	29.39
P	21 ～ 51	2.41	1.71	2.95	28.94	15.63	20.06	28.30
C	52 ～ 100	2.30	1.95	4.72	30.06	15.66	19.05	26.24

表 4-42　棕黄筋泥田典型剖面土体养分状况和化学性质

层次	有机质 /（g/kg）	全氮 /（g/kg）	C/N	有效磷 /（mg/kg）	速效钾 /（mg/kg）	pH 值	阳离子交换量 /（cmol/kg）
A	21.70	1.24	10.10	4.83	40.00	5.7	—
Ap	13.70	0.86	9.20	4.19	37.00	6.4	—
P	7.40	0.57	7.50	2.47	48.00	6.4	—
C	—	—	—	—	43.00	6.2	—

4.6.6　棕粉泥田

4.6.6.1　归属与分布

棕粉泥田（代号 1024-1）属水稻土土类，渗育水稻土亚类，棕粉泥田土属，剖面构型为 A-Ap-P-C；总面积 70.47hm^2。零星分布在林城太傅、和平吴山、画溪白阜等地，地形在黄筋泥土的山垄边沿梯田区。

4.6.6.2　主要性状

母质为第四纪 Q_2 红土发育的棕黄筋泥，其中 30cm 以上为再积物质影响，而 30cm 以下为残积物。耕层质地为轻壤土至中壤土，心、底土质地则在重壤土至中黏土。土壤肥力水平低，耕层有机质含量在 25g/kg 左右，缺磷少钾。由于保肥供肥能力差，作物易脱力早衰。土壤为弱酸性，pH 值在 5.5～6.5。

4.6.6.3　典型剖面

剖面于 1982 年 5 月采自林城镇太傅。水田，种植苗木。剖面编号：太-新-2。剖面土体物理性质、养分状况和化学性质见表 4-43 和表 4-44。

A：0～14cm，棕色，中壤土，块状结构，疏松。

Ap：15～25cm，棕灰，重壤土，块状结构，紧实。

P：26～64cm，灰黄，重壤土，块状结构，较紧实，有少量铁锰结核。

C：65～100cm，黄灰，重壤土，块状结构，紧实，有少量铁锰斑点。

4.6.6.4　改良利用

种植绿肥，增施有机肥，实行秸秆还田，提高土壤肥力丰度，重视磷、钾肥施用，进行合理轮作。

表 4-43　棕粉泥田典型剖面土体物理性质

层次	深度 / cm	细土颗粒（粒径 /mm）组成 /%						
		粗砂 0.5 ～ 1	中砂 0.25 ～ 0.5	细砂 0.05 ～ 0.25	粗粉 0.01 ～ 0.05	中粉 0.005 ～ 0.01	细粉 0.001 ～ 0.005	黏粒 ＜ 0.001
A	0 ～ 14	0.91	10.35	18.36	31.43	13.05	12.19	13.71
Ap	15 ～ 25	2.01	3.99	15.04	31.88	12.95	14.83	19.30
P	26 ～ 64	2.21	4.67	12.85	28.64	13.56	17.01	21.06
C	65 ～ 100	2.49	4.35	14.32	29.04	11.66	17.02	21.12

表 4-44　棕粉泥田典型剖面土体养分状况和化学性质

层次	有机质 /（g/kg）	全氮 /（g/kg）	C/N	有效磷 /（mg/kg）	速效钾 /（mg/kg）	pH 值	阳离子交换量 /（cmol/kg）
A	23.70	1.29	10.70	4.67	56.00	5.9	—
Ap	17.30	0.99	9.90	4.07	38.00	6.1	—
P	8.10	0.63	8.30	3.08	42.00	5.6	—
C	—	—	—	—	—	—	—

4.6.7　泥砂田

4.6.7.1　归属与分布

泥砂田（代号 1025-1）属水稻土土类，渗育水稻土亚类，泥砂田土属，剖面构型 A-Ap-P-C；总面积 1 624.13hm^2。主要分布于丁甲桥、水口、后洋、二界岭、长潮、太傅、和平、合溪等地。

4.6.7.2　主要性状

母质为溪流冲积物，大多分布于溪流两岸，质地以砂壤至中壤为主。剖面层次发育度视耕作年代长短而异，由于地处溪流，剖面下部往往含有粗砂及老河床相的卵石，砾石层。生产上易漏水漏肥，保肥性差，土壤有机质含量低，土壤磷、钾含量缺乏；土壤以弱酸性或中性为主，pH 值在 5.0 ～ 6.8；耕作层浅，据 76 个剖面统计，平均 12.8cm。

4.6.7.3　典型剖面

剖面于 1982 年 5 月采自泗安镇二界岭村。水田，种植苗木。剖面编号：

二-涧-3。剖面土体物理性质、养分状况和化学性质见表 4-45 和表 4-46。

A：0～14cm，青灰，轻壤土，粉砂，团块状结构，疏松。

Ap：15～20cm，青灰，轻壤土，粉砂，块状结构，疏松。

P：21～67cm，灰黄，中壤土，块状结构，较松，有大量铁锰结核。

C：68～100cm，灰黄，轻壤土，细砂，单粒状结构，较松，有少量铁锰斑。

4.6.7.4 改良利用

目前以水稻种植、苗木和设施地效益农业为主。施肥后见效快，苗期起发性好，后期易脱力早衰。改良上增施有机肥，挑加黏性客土，提高保肥能力，注重磷、钾肥施用。

表 4-45 泥砂田典型剖面土体物理性质

层次	深度 / cm	细土颗粒（粒径 /mm）组成 /%						
		粗砂 0.5～1	中砂 0.25～0.5	细砂 0.05～0.25	粗粉 0.01～0.05	中粉 0.005～0.01	细粉 0.001～0.005	黏粒 ＜0.001
A	0～14	15.72	1.05	27.68	30.15	9.07	4.03	12.30
Ap	15～20	25.46	1.21	17.48	29.24	8.67	8.26	9.68
P	21～67	13.00	2.52	25.61	27.22	10.69	9.27	11.69
C	68～100	36.65	1.74	26.39	11.61	2.62	9.08	11.71

表 4-46 泥砂田典型剖面土体养分状况和化学性质

层次	有机质 /（g/kg）	全氮 /（g/kg）	C/N	有效磷 /（mg/kg）	速效钾 /（mg/kg）	pH 值	阳离子交换量 /（cmol/kg）
A	16.80	0.87	11.20	1.73	17.00	5.6	3.60
Ap	22.10	1.18	10.86	2.06	16.50	5.2	—
P	6.50	0.34	11.09	2.27	28.50	5.6	—
C	—	—	—	—	30.00	6.6	—

4.6.8 焦砾塥泥砂田

4.6.8.1 归属与分布

焦砾塥泥砂田（代号 1025-2）属水稻土土类，渗育水稻土亚类，泥砂田土属，剖面构型 A-Ap-P-C；总面积 97.20hm^2。分布范围同泥砂田。

4.6.8.2　主要性状

母质同泥砂田，但在 40cm 以内土层中出现砾石层，最浅出现砾石在 18cm 左右。其余性质同泥砂田。

4.6.8.3　典型剖面

剖面于 1982 年 5 月采自林城镇太傅村。水田，种植苗木。剖面编号：太-山-1。剖面土体物理性质、养分状况和化学性质见表 4-47 和表 4-48。

A：0 ~ 13cm，灰褐，中壤土，团块状结构，疏松。

Ap：14 ~ 18cm，棕褐，中壤土，块状结构，较紧实。

P：19 ~ 25cm，棕黄，重壤土，块状结构，较紧实，有较多铁锰结核。

C：26 ~ 100cm，棕黄，轻黏土，单粒状结构，紧实，有大量铁锰结核。

4.6.8.4　改良利用

由于该土种漏水漏肥更严重，改良利用上要重点防止漏水漏肥，提倡在砂砾层上造人造塥，推广秸秆还田，提高土壤有机质含量。改良土壤结构。增强保水保肥性能。

表 4-47　焦砾塥泥砂田典型剖面土体物理性质

层次	深度 / cm	细土颗粒（粒径 /mm）组成 /%						
		粗砂 0.5 ~ 1	中砂 0.25 ~ 0.5	细砂 0.05 ~ 0.25	粗粉 0.01 ~ 0.05	中粉 0.005 ~ 0.01	细粉 0.001 ~ 0.005	黏粒 < 0.001
A	0 ~ 13	0.89	10.25	19.76	33.44	13.17	9.93	12.56
Ap	14 ~ 18	1.09	12.70	17.25	32.36	13.14	8.90	14.56
P	19 ~ 25	1.79	5.05	13.53	30.55	12.23	15.08	20.77
C	26 ~ 100	1.65	4.21	10.18	27.58	13.27	18.19	24.92

表 4-48　焦砾塥泥砂田典型剖面土体养分状况和化学性质

层次	有机质 /（g/kg）	全氮 /（g/kg）	C/N	有效磷 /（mg/kg）	速效钾 /（mg/kg）	pH 值	阳离子交换量 /（cmol/kg）
A	21.30	1.13	10.93	4.45	25.00	5.5	—
Ap	21.30	1.18	10.47	4.85	26.00	5.5	—
P	11.60	0.65	10.35	4.42	39.00	6.2	—
C	11.50	0.68	9.81	4.45	58.00	6.3	—

4.6.9 白土田

4.6.9.1 归属与分布

白土田（代号 1027-1）属水稻土土类，渗育水稻土亚类，湖成白土田土属，剖面构型为 A-Ap-E-P-C 型，总面积 812.53hm^2；分布于太湖沿岸及中部湖港地区的新塘、洪桥、横山、吕山、观音桥、虹星桥、长桥、便民桥等地。

4.6.9.2 主要性状

母质为动水湖相沉积物，土壤质地轻松，砂壤土至重壤土，一般为中壤土。据 29 个剖面统计，在 13 ～ 55cm 出现质地为轻壤至中壤的白色或灰白色土层。白色土层黏粒含量在 15% 左右，粗粉砂含量高达 50% 左右，厚度在 35 ～ 77cm，平均厚度为 59.5cm。白土层下为黄斑层段。白土层系古代形成物，通透性良好，有较多的管状或核粒铁、锰结核。土壤为弱酸性或中性，pH 值在 5.8 ～ 7.0；土壤有机质含量较丰富，土壤磷、钾含量缺乏。

4.6.9.3 典型剖面

剖面于 1982 年 6 月采自洪桥镇大公村。水田，粮油作物。剖面编号：横-大公-2。剖面土体物理性质、养分状况和化学性质见表 4-49 和表 4-50。

A：0 ～ 14cm，灰棕，中壤土，小块状结构，疏松。

Ap：15 ～ 21cm，灰棕，轻壤土，块状结构，紧实。有少量铁锰斑。

E：22 ～ 24cm，灰白，重壤土，块状结构，紧实，有少量铁锰斑。

P：25 ～ 46cm，黑色，轻壤土，棱柱状结构，紧实。

C：47 ～ 100cm，灰白，砂壤土，弱块状结构，疏松，有少量铁锰斑。

4.6.9.4 改良利用

该土生长的作物苗期起发快，后期易脱力，有早衰现象、汀板性强，有机质含量较丰富。改良利用上，主要抓提高土壤肥力“丰度”，增强保肥能力，改良耕性为主攻方向，提倡秸秆还田，改善土壤结构，克服汀板性，提高土壤内在肥力水平，科学施用磷、钾肥。

表 4-49　白土田典型剖面土体物理性质

层次	深度 / cm	细土颗粒（粒径 /mm）组成 /%						
		粗砂 0.5 ～ 1	中砂 0.25 ～ 0.5	细砂 0.05 ～ 0.25	粗粉 0.01 ～ 0.05	中粉 0.005 ～ 0.01	细粉 0.001 ～ 0.005	黏粒 ＜ 0.001
A	0 ～ 14	0.08	0.12	8.09	60.39	10.24	7.57	13.51
Ap	15 ～ 21	0.27	0.25	7.42	63.00	8.71	7.58	12.77
E	22 ～ 24	—	—	1.78	52.26	10.86	11.27	23.83
P	25 ～ 46	—	—	7.57	66.13	6.71	6.11	13.48
C	47 ～ 100	—	—	11.37	73.47	4.08	1.63	9.45

表 4-50　白土田典型剖面土体养分状况和化学性质

层次	有机质 /（g/kg）	全氮 /（g/kg）	C/N	有效磷 /（mg/kg）	速效钾 /（mg/kg）	pH 值	阳离子交换量 /（cmol/kg）
A	39.10	2.13	10.79	3.87	46.00	6.2	12.13
Ap	32.20	1.73	10.80	5.37	41.00	6.6	—
E	5.80	0.36	9.34	3.48	60.00	7.0	—
P	11.30	0.59	11.11	2.1	25.00	6.0	—
C	—	—	—	—	15.00	7.0	—

4.6.10　青紫头白土田

4.6.10.1　归属与分布

青紫头白土田（代号 1027-3）属水稻土土类，渗育水稻土亚类，湖成白土田土属，其剖面构型为 A-Ap-E-P-C 型，总面积 478.93hm^2。主要分布在横山、洪桥、新塘、后洋等地。

4.6.10.2　主要性状

母质同白土田。0 ～ 30cm 的土层为后期湖相沉积物，质地轻壤土至轻黏土，一般为重壤土，据 18 个剖面分析统计，耕层厚度在 13.8cm，白土层最浅出现在 15cm，最深出现在 36cm，土壤有机质含量较高，磷、钾含量缺乏；土壤为弱酸性或中性，pH 值在 5.8 ～ 6.8。

4.6.10.3　典型剖面

剖面于 1982 年 6 月采自雉城镇陆汇头村。水田，粮油作物。剖面编号：后-陆-4。剖面土体物理性质、养分状况和化学性质见表 4-51 和表 4-52。

A：0～13cm，棕灰，轻黏土，团块状结构，紧实。

Ap：14～26cm，灰色，轻黏土，块状结构，紧实。

E：27～100cm，灰白，轻壤土，块状结构，疏松，有少量铁锰斑。

4.6.10.4 改良利用

该土生长的作物前期生长良好，后劲稳健，是一高产水稻土。改良利用上，防止次生潜育为主攻方向，实施科学灌水、渠系配套，推广水旱轮作，给土体创造一个爽水环境条件，保持肥力水平，建设成高产稳产农田。

表 4-51 青紫头白土田典型剖面土体物理性质

层次	深度 / cm	细土颗粒（粒径 /mm）组成 /%						
		粗砂 0.5～1	中砂 0.25～0.5	细砂 0.25～0.05	粗粉 0.05～0.01	中粉 0.01～0.005	细粉 0.005～0.001	黏粒 < 0.001
A	0～13	0.04	0.06	1.69	40.04	12.65	19.18	26.34
Ap	14～26	—	0.06	2.72	38.90	9.47	15.77	33.08
E	27～100	0.06	0.10	5.46	74.30	4.13	3.30	12.65

表 4-52 青紫头白土田典型剖面土体养分状况和化学性质

层次	有机质 /（g/kg）	全氮 /（g/kg）	C/N	有效磷 /（mg/kg）	速效钾 /（mg/kg）	pH 值	阳离子交换量 /（cmol/kg）
A	35.10	1.92	10.60	3.4	60.00	6.0	—
Ap	23.10	1.24	10.80	2.61	63.00	6.3	—
E	3.60	0.28	7.46	5.12	26.00	6.2	—

4.6.11 黄白土田

4.6.11.1 归属与分布

黄白土田（代号 1027-4）属水稻土土类，渗育水稻土亚类，湖成白土田土属，其剖面构型为 A-Ap-E-P-C 型，总面积 1 200.27hm^2。主要分布于吕山、观音桥、虹星桥、包桥、长城、便民桥、白阜等地。

4.6.11.2 主要性状

母质同湖成白土田。其白土层内出现明显黄化现象，使其白土层颜色呈黄白色，这是土体内排水良好，干湿交替频繁所致。据 49 个剖面分析统计，黄白土层出现 17～24cm，平均厚度在 71.3cm。土壤质地以中壤土为主，土壤以弱酸性或中性，pH 值为 5.6～7.0；土壤有机质含量较正常偏低，土壤磷、钾含量缺乏。

4.6.11.3　典型剖面

剖面于 1982 年 6 月采自吕山乡沈湾村。水田，粮油作物。剖面编号：吕-沈-3。剖面土体物理性质、养分状况和化学性质见表 4-53 和表 4-54。

A：0～14cm，棕灰，中壤土，团块状结构，较紧实。

Ap：15～25cm，青灰，中壤土，块状结构，较紧实。

E：26～100cm，黄灰，中壤土，块状结构，较紧实，有较多量铁锰结核。

4.6.11.4　改良利用

该土生长的作物苗期起发快，后期易脱力，早衰、汀板性强，有机质含量较低，保肥性差。改良利用上，主要抓提高土壤肥力"丰度"，增强保肥能力，改良耕性为主攻方向，应增施有机肥，提倡秸秆还田，改善土壤结构，克服汀板性，科学施肥，提高土壤内在肥力水平。

表 4-53　黄白土田典型剖面土体物理性质

层次	深度 /cm	细土颗粒（粒径 /mm）组成 /%						
		粗砂 0.5～1	中砂 0.25～0.5	细砂 0.05～0.25	粗粉 0.01～0.05	中粉 0.005～0.01	细粉 0.001～0.005	黏粒 ＜0.001
A	0～14	0.10	0.04	13.85	46.30	11.03	13.38	14.40
Ap	15～25	0.16	0.08	14.40	47.27	11.31	15.21	11.57
E	26～100	0.33	0.12	9.15	51.92	8.30	10.18	20.00

表 4-54　黄白土田典型剖面土体养分状况和化学性质

层次	有机质 /（g/kg）	全氮 /（g/kg）	C/N	有效磷 /（mg/kg）	速效钾 /（mg/kg）	pH 值	阳离子交换量 /（cmol/kg）
A	24.00	1.54	9.04	3.36	33.00	5.8	13.62
Ap	18.20	1.10	9.60	3.2	16.00	6.5	—
E	4.40	0.32	7.98	3.26	18.00	7.0	—

4.6.12　洪积泥砂田

4.6.12.1　归属与分布

洪积泥砂田（代号 1031-1）属水稻土土类，潴育水稻土亚类，洪积泥砂田土属，其剖面构型为A-Ap-W-C型，总面积1 094.93hm²。分布处地形为溪坑二旁和山口洪积扇，主要分布于长潮、太傅、和平、合溪、白阜等地。

4.6.12.2 主要性状

母质为近代洪积、冲积物，土体砾、砂、泥混杂，质地为轻壤至中壤土，爽水性好，但保水保肥性差；土壤有机质含量低、磷、钾含量缺乏；土壤弱酸性或中性，pH值在5.7～7.0；耕作层浅薄，据47个主剖面统计，A层平均仅12.5cm。

4.6.12.3 典型剖面

剖面于1982年5月采自煤山镇煤山村。水田，蔬菜。剖面编号：煤-四-4。剖面土体物理性质、养分状况和化学性质见表4-55和表4-56。

A：0～18cm，棕色，轻壤土，团块状结构，疏松。

Ap：19～25cm，棕灰，轻壤土，块状结构，紧实。

W_1：26～38cm，黄灰，轻壤土，块状结构，疏松，有大量铁锰结核。

W_2：39～100cm，灰黄，砂壤土，块状结构，疏松，有较多量铁锰结核。

4.6.12.4 改良利用

作物起发快，但易脱力早衰，易受旱。改良利用上，质地轻松，有机质含量低，砂化速率大，易漏水漏肥，水源短缺，所以着重在解决水的基础上，增施有机肥料，促进土壤团聚体形成，增强保水保肥能力。注意用养结合，多种绿肥改良耕性。

表4-55 洪积泥砂田典型剖面土体物理性质

层次	深度/cm	细土颗粒（粒径/mm）组成/%						
		粗砂 0.5～1	中砂 0.25～0.5	细砂 0.05～0.25	粗粉 0.01～0.05	中粉 0.005～0.01	细粉 0.001～0.005	黏粒 <0.001
A	0～18	5.48	1.84	37.07	28.81	9.61	5.66	11.53
Ap	19～25	6.68	1.66	31.94	30.87	9.62	7.70	11.53
W_1	26～38	9.94	1.54	21.26	21.26	6.07	5.67	11.80
W_2	39～100	17.79	3.91	9.11	9.11	3.04	4.65	9.78

表 4-56　洪积泥砂田典型剖面土体养分状况和化学性质

层次	有机质 /（g/kg）	全氮 /（g/kg）	C/N	有效磷 /（mg/kg）	速效钾 /（mg/kg）	pH 值	阳离子交换量 /（cmol/kg）
A	22.70	1.12	11.76	4.98	61.00	5.9	—
Ap	20.20	1.02	11.49	4.37	39.00	6.3	—
W_1	5.70	0.46	7.19	2.6	26.00	6.6	—
W_2	5.40	0.43	7.28	5.0	25.00	6.6	—

4.6.13　焦塥洪积泥砂田

4.6.13.1　归属与分布

焦塥洪积泥砂田（代号 1031-4）属水稻土土类，潴育水稻土亚类，洪积泥砂田土属，其剖面构型为 A-Ap-W-C 型，总面积 219.8hm²，只在煤山有零星分布。

4.6.13.2　主要性状

母质为同洪积泥砂田，但在 40cm 以内土体中铁、锰淀积物较多，而形成的了一层铁锰结合的“焦塥”。土壤有机质含量正常，土壤磷、钾含量缺乏；土壤为弱酸性或中性，pH 值在 5.8 ～ 6.8。

4.6.13.3　典型剖面

剖面于 1982 年 5 月采自煤山镇石庙村。水田，蔬菜。剖面编号：煤-石庙-3。剖面土体物理性质、养分状况和化学性质见表 4-57 和表 4-58。

A：0 ～ 11cm，褐灰，砂壤土，团粒状结构，疏松。

Ap：12 ～ 17cm，褐灰，砂壤土，小块状结构，疏松。

W：18 ～ 100cm，褐灰，砂壤土，小块状结构，较疏松，有大量铁锰结核。

4.6.13.4　改良利用

该土种由于有一层铁锰结合的“焦塥”，使之水分上下移动受阻，常常出现层间滞水层。所以着重在解决水的基础上，增施有机肥料，促进土壤团聚体形成，增强保水保肥能力。注意用养结合，科学施肥，多种绿肥改良耕性。

表 4-57　焦塥洪积泥砂田典型剖面土体物理性质

层次	深度 / cm	细土颗粒（粒径 /mm）组成 /%						
		粗砂 0.5～1	中砂 0.25～0.5	细砂 0.05～0.25	粗粉 0.01～0.05	中粉 0.005～0.01	细粉 0.001～0.005	黏粒 ＜0.001
A	0～11	3.32	29.26	31.93	15.71	5.51	3.00	11.27
Ap	12～17	2.44	23.63	39.11	15.47	5.09	4.08	10.18
W	18～100	2.87	25.09	44.57	12.32	2.02	4.04	9.09

表 4-58　焦塥洪积泥砂田典型剖面土体养分状况和化学性质

层次	有机质 /（g/kg）	全氮 /（g/kg）	C/N	有效磷 /（mg/kg）	速效钾 /（mg/kg）	pH 值	阳离子交换量 /（cmol/kg）
A	28.90	1.67	10.04	3.28	17.00	6.0	—
Ap	28.90	1.62	10.34	3.45	16.00	6.0	—
W	14.00	0.79	10.28	1.85	25.00	6.0	—

4.6.14　黄泥砂田

4.6.14.1　归属与分布

黄泥砂田（代号 1032-3）属水稻土土类，潴育水稻土亚类，黄泥砂田土属，其剖面构型为 A-Ap-W 型，总面积 3 470.93hm^2，除新塘、下箬、夹浦、虹星桥、里塘外，其余乡镇均有分布。

4.6.14.2　主要性状

母质为坡积物及其短距离搬运的再积物，质地为轻壤至重壤土，因土体受地下水潴育作用，剖面有铁锰斑纹。土壤有机质含量、钾含量正常偏低，磷含量缺乏；肥力水平较差；土壤弱酸性或中性，pH 值在 5.5～7.0。其分布大多在山垄的上部，水源短缺，多系梯田，串流自灌为主，水土流失严重，耕层浅薄。据 180 个剖面统计，耕层平均厚度在 13.7cm，是低产水稻田。

4.6.14.3　典型剖面

剖面于 1982 年 6 月采自泗安镇汪家村。水田，种植苗木。剖面编号：泗-汪-7。剖面土体物理性质、养分状况和化学性质见表 4-59 和表 4-60。

A：0～9cm，灰棕，重壤土，小块状结构，较疏松。

Ap：10～16cm，棕灰，重壤土，块状结构，较紧。

W_1：17～38cm，灰黄，中壤土，块状结构，较紧。有较多铁锰斑。

W_2：39～86cm，橙黄，中壤土，块状结构，较紧，有较多铁锰结核。

W_3：87～100cm，黄褐，块状结构，较紧，有大量铁锰结核。

4.6.14.4　改良利用

该土种是低产水稻田。所以改良利用上，应着重抓好培肥地力、养、用结合，推广稻草还田，增加蓄水量，解除旱洪威胁，采用合理的耕作制度，重视磷、钾肥的科学施用。

表 4-59　黄泥砂田典型剖面土体物理性质

层次	深度 / cm	细土颗粒（粒径 /mm）组成 /%						
		粗砂 0.5～1	中砂 0.25～0.5	细砂 0.05～0.25	粗粉 0.01～0.05	中粉 0.005～0.01	细粉 0.001～0.005	黏粒 ＜0.001
A	0～9	3.64	1.66	11.47	42.33	14.32	13.70	12.88
Ap	10～16	—	1.88	9.36	41.97	15.30	15.74	11.58
W_1	17～38	5.77	2.77	16.78	39.47	12.33	9.66	13.22
W_2	39～86	—	2.70	19.64	34.03	8.43	8.85	20.93
W_3	87～100	—	—	—	—	—	—	—

表 4-60　黄泥砂田典型剖面土体养分状况和化学性质

层次	有机质 /（g/kg）	全氮 /（g/kg）	C/N	有效磷 /（mg/kg）	速效钾 /（mg/kg）	pH 值	阳离子交换量 /（cmol/kg）
A	21.90	1.24	10.20	2.73	51.80	5.5	8.17
Ap	18.60	0.95	11.36	2.47	37.00	5.5	—
W_1	6.00	0.41	8.49	1.84	39.50	6.6	—
W_2	3.40	0.33	5.98	1.9	33.00	6.8	—
W_3	—	—	—	—	66.50	6.8	—

4.6.15　黄粉泥田

4.6.15.1　归属与分布

黄粉泥田（代号 1032-10）属水稻土土类，潴育水稻土亚类，黄泥砂田土属，其剖面构型为 A-Ap-W 型，总面积 5 242.4hm^2。除新塘、下箬、夹浦、虹星桥、里塘外，其余乡镇均有分布。

4.6.15.2 主要性状

与黄泥砂田同一土属，母质相同，剖面构型相同，分布于黄泥砂田下部，质地中壤至轻黏土，颗粒匀细，土壤有机质含量比黄泥砂田要高些，保肥力强些；但土壤磷、钾含量仍缺乏；土壤弱酸性或中性，pH 值在 5.6～7.0。

4.6.15.3 典型剖面

剖面于 1982 年 10 月采自和平镇回车岭村。水田，水稻。剖面编号：和-回-5。剖面土体物理性质、养分状况和化学性质见表 4-61 和表 4-62。

A：0～12cm，棕灰，轻黏土，小块状结构，较紧。

Ap：13～19cm，青灰，轻黏土，块状结构，较紧。

W：20～100cm，灰色，重壤，块状结构，较紧。有少量锰斑。

4.6.15.4 改良利用

该土种是低产水稻田。所以改良利用上，应着重抓好培肥地力、养、用结合，推广稻草还田，增加蓄水量，解除旱洪威胁，采用合理的耕作制度，重视磷、钾肥的施用。

表 4-61 黄粉泥田典型剖面土体物理性质

层次	深度 / cm	细土颗粒（粒径 /mm）组成 /%						
		粗砂 0.5～1	中砂 0.25～0.5	细砂 0.05～0.25	粗粉 0.01～0.05	中粉 0.005～0.01	细粉 0.001～0.005	黏粒 <0.001
A	0～12	1.06	0.50	2.49	42.27	17.75	15.16	20.77
Ap	13～19	0.93	1.47	3.22	45.11	15.16	14.79	19.32
W	20～100	1.36	2.97	5.35	49.24	7.22	16.31	17.55

表 4-62 黄粉泥田典型剖面土体养分状况和化学性质

层次	有机质 /（g/kg）	全氮 /（g/kg）	C/N	有效磷 /（mg/kg）	速效钾 /（mg/kg）	pH 值	阳离子交换量 /（cmol/kg）
A	23.00	1.33	10.03	4.3	30.00	5.6	—
Ap	20.90	1.12	9.76	4.8	35.00	5.9	—
W	17.83	1.09	9.93	4.2	32.00	5.8	—

4.6.16　黄大泥田

4.6.16.1　归属与分布

黄大泥田（代号 1032-11）属水稻土土类，潴育水稻土亚类，黄泥砂田土属，其剖面构型为 A-Ap-W 或 A-Ap-W-Wg 型，总面积 1 204.67hm^2。除新塘、下箬、夹浦、虹星桥、里塘外，其余乡镇均有分布。

4.6.16.2　主要性状

母质同黄泥砂田，分布于山垄的最下部，上面紧接黄泥粉田，是丘陵垄田向河谷地区泥质田土属过渡类型的土壤，质地为重壤土至中黏土，土壤剖面发育较明显，铁、锰淀斑纹较多，地下水对它影响较大；土壤有机质含量正常，土壤磷、钾含量缺乏；土壤弱酸性或中性，pH 值在 5.5 ～ 6.8。

4.6.16.3　典型剖面

剖面于 1982 年 5 月采自林城镇太傅村。水田，蔬菜。剖面编号：太-任-1。剖面土体物理性质、养分状况和化学性质见表 4-63 和表 4-64。

A：0 ～ 13cm，灰棕，轻黏土，小块状结构，疏松。

Ap：14 ～ 23cm，棕灰，轻黏土，块状结构，紧实。

W：24 ～ 62cm，浅灰，轻黏土，块状结构，较紧实。有较多铁锰结核。

W（g）：63 ～ 100cm，灰色，中黏土，块状结构，较紧实，有较多铁锰结核。

4.6.16.4　改良利用

该土种为性冷水田，迟发，但后劲好，土壤肥力水平在其土属中属最高水平。改良利用上主抓降低地下水位，实行水旱轮作，干耕晒垄，提高水温，改良耕性，施肥上推广氮、磷、钾含量配比施用。

表 4-63　黄大泥田典型剖面土体物理性质

层次	深度 / cm	细土颗粒（粒径 /mm）组成 /%						
		粗砂 0.5 ～ 1	中砂 0.25 ～ 0.5	细砂 0.05 ～ 0.25	粗粉 0.01 ～ 0.05	中粉 0.005 ～ 0.01	细粉 0.001 ～ 0.005	黏粒 ＜ 0.001
A	0 ～ 13	0.45	0.52	0.17	34.12	17.58	23.79	23.37
Ap	14 ～ 23	0.93	0.49	1.25	38.07	19.55	24.69	15.02
W	24 ～ 62	0.74	0.84	1.09	38.07	20.58	27.77	10.91

续表

层次	深度 / cm	细土颗粒（粒径 /mm）组成 /%						
		粗砂 0.5 ～ 1	中砂 0.25 ～ 0.5	细砂 0.05 ～ 0.25	粗粉 0.01 ～ 0.05	中粉 0.005 ～ 0.01	细粉 0.001 ～ 0.005	黏粒 ＜ 0.001
W(g)	63 ～ 100	0.36	0.38	0.05	27.60	12.74	36.09	22.78

表 4-64　黄大泥田典型剖面土体养分状况和化学性质

层次	有机质 / (g/kg)	全氮 / (g/kg)	C/N	有效磷 / (mg/kg)	速效钾 / (mg/kg)	pH 值	阳离子交换量 / (cmol/kg)
A	30.10	1.75	9.98	2.81	57.00	5.5	—
Ap	21.10	1.16	10.55	2.67	51.00	6.2	—
W	8.30	0.42	11.46	2.31	52.00	6.6	—
W(g)	—	—	—	—	104.00	6.6	—

4.6.17　红紫泥砂田

4.6.17.1　归属与分布

红紫泥砂田（代号 1034-2）属水稻土土类，潴育水稻土亚类，红紫泥砂田土属，其剖面构型为 A-Ap-W-C 型，面积仅 6.47hm^2。主要分布在二界岭。

4.6.17.2　主要性状

母质为紫色砂页岩风化物，分布于低丘陵和山麓缓坡上，据 4 个剖面统计，耕层浅薄，平均厚度 12.7cm，质地重壤土至轻黏土，耕层为紫红棕色，心、底土呈母岩紫色色泽。土壤有机质含量、磷偏低，但土壤速效钾较高；土壤弱酸性或中性，pH 值在 6.0 ～ 7.0。

4.6.17.3　典型剖面

剖面于 1982 年 5 月采自泗安镇毛家村。水田，种植苗木。剖面编号：二-毛-7。剖面土体物理性质、养分状况和化学性质见表 4-65 和表 4-66。

A：0 ～ 15cm，棕色，重壤土，团块状结构，疏松。

Ap：16 ～ 23cm，棕色，轻黏土，块状结构，较紧实。

W_1：24 ～ 37cm，红棕，重壤土，块状结构，紧实。有较多铁锰结核。

W_2：38～100cm，暗棕，轻黏土，柱状结构，紧实，有大量铁锰结核。

4.6.17.4　改良利用

处于山垄上，灌水为自流串灌，改良利用上要增加蓄水，提高抗旱能力，采用合理的耕作制度和作物品种布局，重视土壤肥力的培养和提高，就地取材增加有机肥用量。

表 4-65　红紫泥砂田典型剖面土体物理性质

层次	深度 / cm	细土颗粒（粒径 /mm）组成 /%						
		粗砂 0.5～1	中砂 0.25～0.5	细砂 0.05～0.25	粗粉 0.01～0.05	中粉 0.005～0.01	细粉 0.001～0.005	黏粒 ＜0.001
A	0～15	1.44	0.20	13.31	36.63	16.27	21.77	10.38
Ap	16～23	1.75	0.43	14.81	30.52	11.19	8.54	32.76
W_1	24～37	1.51	0.53	19.53	30.61	10.21	11.63	25.98
W_2	38～100	0.89	0.16	15.34	31.28	10.09	14.53	27.71

表 4-66　红紫泥砂田典型剖面土体养分状况和化学性质

层次	有机质 /（g/kg）	全氮 /（g/kg）	C/N	有效磷 /（mg/kg）	速效钾 /（mg/kg）	pH 值	阳离子交换量 /（cmol/kg）
A	24.60	1.40	10.19	2.51	106.00	6.1	—
Ap	17.50	0.92	11.03	2.26	108.50	6.5	—
W_1	7.70	0.38	11.75	2.27	111.00	6.7	—
W_2	—	—	—	—	94.00	6.8	—

4.6.18　泥质田

4.6.18.1　归属与分布

泥质田（代号 1037-1）属水稻土土类，潴育水稻土亚类，泥质田土属，其剖面构型为 A-Ap-W-C 型，总面积 418.93hm^2，分布于仙山、泗安等地。

4.6.18.2　主要性状

母质为河流老冲积物，处于河谷阶地或河漫滩上，土壤剖面发育完善，潴育斑纹明显，土层深厚，耕作年代久，质地重壤至轻黏，土体爽水；土壤弱酸性或中性，pH 值在 5.5～7.0；土壤有机质、磷、钾含量正常略低。

4.6.18.3 典型剖面

剖面于1982年5月采自泗安镇上泗安村。水田，水稻。剖面编号：泗-世-1。剖面土体物理性质、养分状况和化学性质见表4-67和表4-68。

A：0～13cm，褐黄，轻黏土，团块状结构，疏松。

Ap：14～21cm，青灰，轻黏土，团块状结构，较疏松。

W：22～100cm，灰黄，轻黏土，团块状结构，紧实。有较多铁锰斑。

4.6.18.4 改良利用

该土保肥供肥性好，肥效稳，是河谷地区的高产水稻土。改良利用上，要防止肥力衰退，注意有机肥同化肥的科学配施，同时实行合理排水，防止次生潜育层出现，实行合理轮作制。

表4-67 泥质田典型剖面土体物理性质

层次	深度/cm	细土颗粒（粒径/mm）组成/%						
		粗砂 0.5～1	中砂 0.25～0.5	细砂 0.05～0.25	粗粉 0.01～0.05	中粉 0.005～0.01	细粉 0.001～0.005	黏粒 ＜0.001
A	0～13	1.05	0.39	12.52	33.40	15.83	20.47	16.34
Ap	14～21	1.01	0.46	12.40	32.92	18.43	20.49	14.29
W	22～100	1.24	0.68	10.28	24.64	13.59	17.46	32.11

表4-68 泥质田典型剖面土体养分状况和化学性质

层次	有机质/(g/kg)	全氮/(g/kg)	C/N	有效磷/(mg/kg)	速效钾/(mg/kg)	pH值	阳离子交换量/(cmol/kg)
A	27.70	1.54	10.43	6.22	46.00	5.5	—
Ap	21.50	1.14	10.94	5.17	43.00	5.8	—
W	5.60	0.46	7.06	4.58	59.00	6.8	—

4.6.19 白塥泥质田

4.6.19.1 归属与分布

白塥泥质田（代号1037-2）属水稻土土类，潴育水稻土亚类，泥质田土属，其剖面构型为A-Ap-W-E或A-Ap-W型，面积仅44.33hm^2，分布于仙山、二界岭等地。

4.6.19.2　主要性状

母质同泥质田，质地为重壤至轻黏土，处于丘陵岗地向河谷地区过渡地段上，主要受地下测渗水影响，在 40cm 以上土体内出现白土斑纹或白土层；土壤有机质、磷、钾含量缺乏；土壤弱酸性或中性，pH 值在 5.5 ～ 7.0。

4.6.19.3　典型剖面

剖面于 1982 年 5 月采自泗安镇二界岭。水田，蔬菜。剖面编号：二-东-1。剖面土体物理性质、养分状况和化学性质见表 4-69 和表 4-70。

A：0 ～ 12cm，棕色，重壤土，团块状结构，疏松。

Ap：13 ～ 18cm，棕灰，重壤土，团块状结构，较疏松。

W：19 ～ 60cm，黄灰，重壤土，团块状结构，较紧实；有少量铁锰斑。

E：61 ～ 100cm，黄灰，轻黏土，团块状结构，较紧实；有少量铁锰斑。

4.6.19.4　改良利用

该土排水差，土冷、黏韧、冬作春花难于种植，作物苗期，特别是水稻苗期易冷性发僵；有机质含量较高，但有效度低。改良利用上注意水利设施建设，降低地下水位，实行水旱轮作，干耕晒垡，提高土温，促进潜在养分活化。

表 4-69　白塥泥质田典型剖面土体物理性质

层次	深度 / cm	细土颗粒（粒径 /mm）组成 /%						
		粗砂 0.5 ～ 1	中砂 0.25 ～ 0.5	细砂 0.05 ～ 0.25	粗粉 0.01 ～ 0.05	中粉 0.005 ～ 0.01	细粉 0.001 ～ 0.005	黏粒 ＜ 0.001
A	0 ～ 12	2.00	1.35	11.60	39.90	15.66	15.35	14.14
Ap	13 ～ 18	3.14	1.89	11.25	39.59	16.25	16.44	11.17
W	19 ～ 60	5.63	2.68	12.86	36.79	16.64	17.34	8.06
E	61 ～ 100	1.59	0.71	6.86	30.05	18.83	20.58	21.38

表 4-70　白塥泥质田典型剖面土体养分状况和化学性质

层次	有机质 /（g/kg）	全氮 /（g/kg）	C/N	有效磷 /（mg/kg）	速效钾 /（mg/kg）	pH 值	阳离子交换量 /（cmol/kg）
A	15.70	0.89	10.23	2.17	37.00	5.5	—
Ap	13.50	0.78	10.04	2.20	34.50	6.2	—
W	5.20	0.31	9.73	3.00	44.00	6.5	—
E	—	—	—	—	105.00	6.3	—

4.6.20 泥筋田

4.6.20.1 归属与分布

泥筋田（代号 1037-6）属水稻土土类，潴育水稻土亚类，泥质田土属，其剖面构型为 A-Ap-W 或 A-Ap-W(g) 型，面积仅 32.27hm^2，主要分布于泗安等地。

4.6.20.2 主要性状

母质同泥质田，质地为重壤至中黏，以轻黏为主，由于所处位置比泥质田要低，土壤有机质含量较高，但其可矿化性低；土壤磷、钾含量缺乏；土壤弱酸性或中性，pH 值在 5.5 ～ 7.0。

4.6.20.3 典型剖面

剖面于 1982 年 5 月采自泗安镇中泗安村。水田，水稻。剖面编号：泗-塘-1。剖面土体物理性质、养分状况和化学性质见表 4-71 和表 4-72。

A：0 ～ 11cm，棕褐，轻黏土，小块状结构，疏松。

Ap：12 ～ 18cm，青灰，中黏土，大块状结构，较紧实。

W_1：19 ～ 26cm，青灰，轻黏土，团块状结构，较紧实。有大量铁锰结核。

W_2：27 ～ 100cm，褐黄，轻黏土，团块状结构，较紧实。有较多铁锰斑。

4.6.20.4 改良利用

该土排水差，土冷、黏韧、冬作春花难于种植，水稻种植易冷性发僵。改良利用上加强注意水利设施建设，降低地下水位，实行水旱轮作，干耕晒垡，提高土温，促进潜在养分活化；并注重科学施肥。

表 4-71 泥筋田典型剖面土体物理性质

层次	深度 / cm	细土颗粒（粒径 /mm）组成 /%						
		粗砂 0.5 ～ 1	中砂 0.25 ～ 0.5	细砂 0.05 ～ 0.25	粗粉 0.01 ～ 0.05	中粉 0.005 ～ 0.01	细粉 0.001 ～ 0.005	黏粒 ＜ 0.001
A	0 ～ 11	0.87	0.39	5.70	29.07	17.66	22.22	24.09
Ap	12 ～ 18	1.47	0.34	4.43	38.36	15.76	20.80	28.84
W_1	19 ～ 26	1.08	0.58	5.92	32.19	19.73	28.87	11.63
W_2	27 ～ 100	1.37	0.81	7.89	35.31	20.77	24.30	9.55

表 4-72　泥筋田典型剖面土体养分状况和化学性质

层次	有机质 /（g/kg）	全氮 /（g/kg）	C/N	有效磷 /（mg/kg）	速效钾 /（mg/kg）	pH 值	阳离子交换量 /（cmol/kg）
A	34.70	1.98	10.15	3.01	53.00	5.5	—
Ap	13.80	0.82	9.76	2.58	36.00	6.8	—
W_1	28.00	1.58	10.28	2.77	49.00	6.0	—
W_2	7.30	0.45	9.41	2.80	40.00	6.7	—

4.6.21　黄斑田

4.6.21.1　归属与分布

黄斑田（代号 1038-1）属水稻土土类，潴育水稻土亚类，黄斑田土属，其剖面构型为 A-Ap-W 或 A-Ap-W-G 型，总面积 8 029.00hm^2。除仙山、二界岭、长潮、槐坎、白岘、煤山等地外，其他乡镇均有分布。

4.6.21.2　主要性状

母质为母质为河、湖相沉积物，分布于水网平原和平原圩区，质地重壤土至中黏土。土体干湿交替频繁，促进了铁、锰氧化还原交替，土体剖面出现黄白相间的网斑层（即黄斑层），有明显的柱状结构。部分土壤具有紧接犁底层以下就一黄到底的“古黄斑”。该土是长兴主要高产水稻土之一。据 310 个剖面统计，耕作层厚度在 10～21cm，平均厚度为 13.6cm。有机质含量较高，速钾、有效磷含量一般；土壤弱酸性或中性，pH 值在 5.6～7.0。

4.6.21.3　典型剖面

剖面于 1982 年 10 月采自适合雉城镇后洋村。水田，粮油作物。剖面编号：后-白-6。剖面土体物理性质、养分状况和化学性质见表 4-73 和表 4-74。

A：0～15cm，灰褐，重壤土，团块状结构，疏松。

Ap：16～24cm，青灰，轻黏土，团块状结构，较疏松。

W_1：25～31cm，褐灰，轻黏土，棱柱状状结构，紧实；有少量铁锰斑。

W_2：32～44cm，淡黄，轻黏土，棱柱状状结构，紧实；有少量铁斑。

W_3：45～100cm，淡黄，中黏土，棱柱状结构，紧实；有较多铁结核。

4.6.21.4 改良利用

质地适中，宜耕性、宜种性均好，供肥、保肥能力强。改良利用上实行合理的耕作制度，注意肥料结构、科学施肥，保证土壤肥力的平衡性，建设成高产稳产农田。

表 4-73 黄斑田典型剖面土体物理性质

层次	深度 / cm	细土颗粒（粒径 /mm）组成 /%						
		粗砂 0.5～1	中砂 0.25～0.5	细砂 0.05～0.25	粗粉 0.01～0.05	中粉 0.005～0.01	细粉 0.001～0.005	黏粒 ＜0.001
A	0～15	0.68	0.66	5.81	42.69	16.01	13.87	20.28
Ap	16～24	0.94	0.61	5.44	42.23	15.12	18.77	16.89
W_1	25～31	1.04	0.66	5.40	39.98	14.02	14.54	24.36
W_2	32～44	0.15	0.17	4.56	34.70	12.62	13.67	34.13
W_3	45～100	0.22	0.19	3.44	27.17	10.87	15.22	42.89

表 4-74 黄斑田典型剖面土体养分状况和化学性质

层次	有机质 /（g/kg）	全氮 /（g/kg）	C/N	有效磷 /（mg/kg）	速效钾 /（mg/kg）	pH 值	阳离子交换量 /（cmol/kg）
A	27.60	1.69	9.47	3.61	26.00	5.8	13.79
Ap	24.40	1.49	9.50	3.60	31.00	6.0	—
W_1	11.20	0.78	8.33	3.10	25.00	6.7	—
W_2	6.10	0.44	8.04	1.98	31.00	6.8	—
W_3	—	—	—	—	68.00	6.8	—

4.6.22 青塥黄斑田

4.6.22.1 归属与分布

青塥黄斑田（代号 1038-2）属水稻土土类，潴育水稻土亚类，黄斑田土属，其剖面构型为 A-Ap-W-An 型，面积为 192.67hm^2，主要分布地为后洋、洪桥、下箬、长城、吴山、便民桥等地。

4.6.22.2　主要性状

母质为河、湖相沉积物，在其 40cm 以内的土体中，有腐塥层段出现，据 7 个剖面统计，最高出现在 21cm，最低出现在 38cm，厚度在 10 ～ 15cm，由于腐泥层出现较高，质地黏重，土体滞水。土壤有机质含量丰富，土壤磷、钾含量缺乏；土壤弱酸性或中性，pH 值在 5.6 ～ 7.0。

4.6.22.3　典型剖面

剖面于 1982 年 10 月采自适合雉城镇后洋村。水田，粮油作物。剖面编号：后-白-5。剖面土体物理性质、养分状况和化学性质见表 4-75 和表 4-76。

A：0 ～ 15cm，灰棕，重壤土，粒状结构，疏松。

Ap：16 ～ 29cm，棕灰，重壤土，块状结构，紧实。

Pg：30 ～ 31cm，灰褐，轻黏土，弱块状结构，较疏松。

W：31 ～ 100cm，灰黄，中黏土，棱柱状结构，稍紧实；有少量铁锰结核。

4.6.22.4　改良利用

生产性能上，冷性作物迟发，但潜在肥力大，后劲长。改良利用方式主要抓开沟降水、干耕晒垡，提高土温、促进潜在养分活化。

表 4-75　青塥黄斑田典型剖面土体物理性质

层次	深度 / cm	细土颗粒（粒径 /mm）组成 /%						
		粗砂 0.5 ～ 1	中砂 0.25 ～ 0.5	细砂 0.05 ～ 0.25	粗粉 0.01 ～ 0.05	中粉 0.005 ～ 0.01	细粉 0.001 ～ 0.005	黏粒 ＜ 0.001
A	0 ～ 15	0.56	0.62	5.47	46.67	13.42	18.24	15.02
Ap	16 ～ 29	1.03	0.84	4.94	45.55	19.37	16.75	11.52
Pg	30 ～ 31	0.17	0.32	4.50	42.63	12.11	13.68	26.59
W	32 ～ 100	0.05	0.18	3.80	19.93	7.41	10.25	58.38

表 4-76　青塥黄斑田典型剖面土体养分状况和化学性质

层次	有机质 /（g/kg）	全氮 /（g/kg）	C/N	有效磷 /（mg/kg）	速效钾 /（mg/kg）	pH 值	阳离子交换量 /（cmol/kg）
A	31.4	1.84	9.90	2.97	64	5.6	—
Ap	18.4	1.29	10.66	2.94	51	6.6	—
Pg	9.7	0.51	9.55	3.05	65	7.1	—
W	—	—	—	—	22	7.0	—

4.6.23 硬泥田

4.6.23.1 归属与分布

硬泥田［代号103(10)-1］属水稻土土类，潴育水稻土亚类，硬泥田土属，其剖面构型为A-Ap-W或A-Ap-W-G型，总面积4 043.00hm^2。主要分布于管埭、天平、林城、包桥、虹星桥、港口、下箬、李家巷等地。

4.6.23.2 主要性状

母质为河、湖相沉积物。质地为重壤至轻黏土。据74个剖面统计，耕作层厚度为13.8cm，与黄斑田主要差别为耕作层耕性差，僵性严重，土壤有机质含量中等、土壤磷、钾含量缺乏，土瘦、冬季地下水位高，平均在76.4cm左右；土壤弱酸性或中性，pH值在5.6～7.0。

4.6.23.3 典型剖面

剖面于1982年6月采自雉城镇包桥村。水田，水稻。剖面编号：包-徐-3。剖面土体物理性质、养分状况和化学性质见表4-77和表4-78。

A：0～14cm，棕灰，轻黏土，团块状结构，疏松。

Ap：15～21cm，灰棕，重壤土，团块状结构，较紧实。

W_1：22～35cm，灰黄，轻黏土，柱状结构，较疏松；有少量铁锰结核。

W_2：36～100cm，黄灰，中黏土，块状结构，较疏松；有少量铁锰结核。

4.6.23.4 改良利用

作物起发慢，有冷性缺素发僵趋势，主要分布于远离村庄，土劳负担重的坞心田地区。

改良利用上着重增施有机肥料、降低地下水位，增厚活土层为重点，实行干耕晒垡，提高土温、增强土壤氧化还原电位，促进有机物质循环速率，提高水旱轮作。

表4-77　硬泥田典型剖面土体物理性质

层次	深度/cm	细土颗粒（粒径/mm）组成/%						
		粗砂 0.5～1	中砂 0.25～0.5	细砂 0.05～0.25	粗粉 0.01～0.05	中粉 0.005～0.01	细粉 0.001～0.005	黏粒 <0.001
A	0～14	0.15	0.21	6.29	42.24	16.9	19.85	14.36

续表

层次	深度 / cm	细土颗粒（粒径 /mm）组成 /%						
		粗砂 0.5 ～ 1	中砂 0.25 ～ 0.5	细砂 0.05 ～ 0.25	粗粉 0.01 ～ 0.05	中粉 0.005 ～ 0.01	细粉 0.001 ～ 0.005	黏粒 ＜ 0.001
Ap	15 ～ 21	0.23	0.19	5.46	45.41	17.75	20.85	10.11
W_1	22 ～ 35	0.08	0.17	4.23	33.26	13.41	16.05	32.80
W_2	36 ～ 100	—	0.02	2.53	25.05	13.73	6.97	51.70

表 4-78　硬泥田典型剖面土体养分状况和化学性质

层次	有机质 / (g/kg)	全氮 / (g/kg)	C/N	有效磷 / (mg/kg)	速效钾 / (mg/kg)	pH 值	阳离子交换量 / (cmol/kg)
A	29.40	1.71	9.97	2.60	28.00	5.8	9.60
Ap	24.10	1.40	9.98	2.86	23.00	6.2	—
W_1	4.70	0.36	7.59	1.84	35.00	7.0	—
W_2	3.80	0.31	7.11	—	61.00	7.0	—

4.6.24　青塥硬泥田

4.6.24.1　归属与分布

青塥硬泥田［代号 103(10)-2］属水稻土土类，潴育水稻土亚类，硬泥田土属，其剖面构型为 A-Ap-W-E 或 A-Ap-W 型，总面积 1 259.20hm^2。主要分布于后洋、泗安、管埭、天平、林城、便民桥、长城、吴山、吕山、里塘、观音桥等地。

4.6.24.2　主要性状

母质为河、湖相沉积物。但其紧接犁底层出现了一层青灰色的次生潜育层段，土性冷闭，强化原性，主要由于长期泡水耕作，在犁底层下产生临时滞水层，使土体缺乏氧气环境所致。主要分布于较低洼地段及灌水渠道两边。土壤呈弱酸性或中性，pH 值在 5.6 ～ 7.2。

4.6.24.3　典型剖面

剖面于 1982 年 5 月采自林城镇东吴村。水田，水稻。剖面编号：林-吴-5。剖面土体物理性质、养分状况和化学性质见表 4-79 和表 4-80。

A：0 ～ 15cm，棕色，轻黏土，粒状结构，疏松。

Ap：16 ～ 21cm，青灰，轻黏土，大块状结构，紧实。

W：22～78cm，灰黄，轻黏土，棱柱状结构，较紧实；有大量铁锰结核。

E：79～100cm，灰白，重壤土，弱块状结构，疏松。

4.6.24.4 改良利用

作物迟发、根系难下扎，影响作物产量。改良利用上主要解决次生潜育层，实行水旱轮作，干耕晒垡，开好排灌沟渠，降低地下水位，促进土壤氧化还原进程，活化土壤潜在肥力。

表 4-79 青塥硬泥田典型剖面土体物理性质

层次	深度 / cm	细土颗粒（粒径 /mm）组成 /%						
		粗砂 0.5～1	中砂 0.25～0.5	细砂 0.05～0.25	粗粉 0.01～0.05	中粉 0.005～0.01	细粉 0.001～0.005	黏粒 ＜0.001
A	0～15	0.18	0.18	4.05	40.98	14.34	23.88	16.39
Ap	16～21	0.10	0.10	4.23	40.30	12.76	17.75	24.76
W	22～78	0.06	0.14	5.69	30.29	12.83	20.42	30.57
E	79～100	—	0.12	2.24	49.50	19.19	15.96	12.99

表 4-80 青塥硬泥田典型剖面土体养分状况和化学性质

层次	有机质 /（g/kg）	全氮 /（g/kg）	C/N	有效磷 /（mg/kg）	速效钾 /（mg/kg）	pH 值	阳离子交换量 /（cmol/kg）
A	31.40	1.84	9.90	2.97	64.00	5.5	—
Ap	8.40	1.29	10.66	2.94	51.00	6.6	—
W	—	0.51	9.55	3.05	65.00	7.1	—
E	—	—	—	—	21.00	7.0	—

4.6.25 汀煞白土田

4.6.25.1 归属与分布

汀煞白土田［代号 103（11）-1］属水稻土土类，潴育水稻土亚类，汀煞白土田土属，其剖面构型为 A-Ap-E-W（g）或 A-Ap-W-C 型，总面积 5 695.40hm^2。主要分布于中部圩区平原的李家巷、城郊，下箬、后洋，长桥、虹星桥、包桥、观音桥等地。

4.6.25.2　主要性状

母质为河湖相沉积物，土壤质地为中壤土至中黏土。白土层厚度一般在 10 ～ 30cm，以重壤为主，出现层位较高，一般紧接犁底层，有的犁底也有不同程度的白化；部分土壤可在 1m 土层内相间出现 2 ～ 3 层白土层，中间被腐泥层所隔，白土层下可出现质地为轻黏至中黏的黄斑层。据 224 个剖面分析统计，有机质含量在 15 ～ 25g/kg，速效磷 5mg/kg 以下，有效钾在 40mg/kg 以下，均属极缺质，pH 值在 5.5 ～ 6.5。白土层粗粉砂含量在 60% 左右，小于 0.001mm 黏粒含量在 15% 左右，具有强烈汀板性；土壤弱酸化或中性，pH 值在 5.6 ～ 7.0。

4.6.25.3　典型剖面

剖面于 1982 年 6 月采自雉城镇玄坛庙村。水田，水稻。剖面编号：后-玄-3。剖面土体物理性质、养分状况和化学性质见表 4-81 和表 4-82。

A：0 ～ 14cm，棕灰，重壤土，团块状结构，疏松。

Ap：15 ～ 19cm，褐灰，重壤土，团块状结构，紧实。

E：20 ～ 29cm，浅灰，重壤土，块状结构，疏松；有少量铁锰结核。

W(g)：30 ～ 100cm，黄灰，中黏土，大块状结构，紧实；有少量铁锰结核。

4.6.25.4　改良利用

作物起发慢，发棵差，往往出现缺素发僵，后期脱力早衰，是全县面积最大、分布最广的低产田。改良利用上重点抓着提高土壤有机质含量，改善土壤结构为主攻方向，增施有机肥，种好冬绿肥，大力推广稻草还田，在施氮基础上注重配施磷、钾肥。施肥方法注重穗、粒肥的使用。

表 4-81　汀煞白土田典型剖面土体物理性质

层次	深度 / cm	细土颗粒（粒径 /mm）组成 /%						
		粗砂 0.5 ～ 1	中砂 0.25 ～ 0.5	细砂 0.05 ～ 0.25	粗粉 0.01 ～ 0.05	中粉 0.005 ～ 0.01	细粉 0.001 ～ 0.005	黏粒 < 0.001
A	0 ～ 14	0.57	0.20	4.14	49.59	20.96	15.34	9.20
Ap	15 ～ 19	0.61	0.26	3.97	50.00	17.35	15.30	12.51
E	20 ～ 29	0.51	0.23	5.47	47.28	16.44	14.39	15.68
W(g)	30 ～ 100	0.06	0.13	3.10	27.02	12.98	12.97	43.74

表 4-82 汀煞白土田典型剖面土体养分状况和化学性质

层次	有机质 /（g/kg）	全氮 /（g/kg）	C/N	有效磷 /（mg/kg）	速效钾 /（mg/kg）	pH 值	阳离子交换量 /（cmol/kg）
A	16.30	1.10	9.65	1.68	49.00	6.0	1.12
Ap	15.60	0.96	9.43	1.57	18.00	6.6	1.20
E	5.30	0.42	7.32	1.84	13.00	7.0	—
W(g)	3.00	0.29	6.00	1.04	11.00	7.0	—

4.6.26 青紫泥田

4.6.26.1 归属与分布

青紫泥田（代号 1045-1）属水稻土土类，脱潜水稻土亚类，青紫泥田土属，其剖面构型为 A-Ap-Gw-G 型，总面积 13 570.27hm^2。分布于水网平原及圩区平原的横山、洪桥、新塘、下箬、李家巷、后洋、林城、天平、管埭、里塘、吕山、长城、吴山等地。

4.6.26.2 主要性状

母质为古代湖沼相沉积物。质地黏重，一般从重壤至中黏土，结构性强，黏韧，棱柱状结构，表面包有青灰色黏土膜，整个土体呈青灰色，主要排水不良，滞水时间过长，土体还原势强，据 122 个剖面统计，潜育层位最高出现在 19cm，平均厚度在 34cm，质地大多为中黏土。土壤有机质含量丰富，土壤钾含量中等偏上，土壤磷含量缺乏；土壤弱酸性或中性，pH 值 5.6～7.0。

4.6.26.3 典型剖面

剖面于 1982 年 5 月采自雉城镇天平村。水田，水稻。剖面编号：天-建-4。剖面土体物理性质、养分状况和化学性质见表 4-83 和表 4-84。

A：0～14cm，棕灰，重壤土，团粒状结构，疏松。

Ap：15～25cm，淡灰，重壤土，团块状结构，紧实。

Gw：26～67cm，青灰，中黏土，团块状结构，较紧实；有少量铁锰斑。

G：68～100cm，灰黑，轻黏土，弱块状结构，较紧实，有少量铁锰斑。

4.6.26.4　改良利用

由于质地黏重，土体滞水严重、地下水位高，还原势强，土性冷。有机质含量较高，一般在 35～45g/kg，但有效度低，保肥力强，其代换量达 20cmol/kg 左右，施肥见效慢，但后劲较长而稳，作物往往易冷性发僵。如前期肥料用量过多，后期易贪青迟熟。

改良利用上，以开沟降水，建设排、灌分系渠系为主攻方向，实行干耕晒垡，提高土温，采取合理的耕作制度，推广水旱轮作，促进潜在养分的转化，施肥上除了氮肥外，应注重施用磷、钾肥，以防养分失调，真正使其成为高产稳产农田。

表 4-83　青紫泥田典型剖面土体物理性质

层次	深度 / cm	细土颗粒（粒径 /mm）组成 /%						
		粗砂 0.5～1	中砂 0.25～0.5	细砂 0.05～0.25	粗粉 0.01～0.05	中粉 0.005～0.01	细粉 0.001～0.005	黏粒 ＜0.001
A	0～14	0.21	0.17	2.52	40.82	15.14	27.37	13.78
Ap	15～25	0.21	0.21	0.87	39.63	11.47	25.10	22.51
G	26～67	0.08	0.15	0.12	25.00	10.42	18.96	45.27
Gw	68～100	0.19	0.23	0.99	37.37	11.05	19.16	31.01

表 4-84　青紫泥田典型剖面土体养分状况和化学性质

层次	有机质 /（g/kg）	全氮 /（g/kg）	C/N	有效磷 /（mg/kg）	速效钾 /（mg/kg）	pH 值	阳离子交换量 /（cmol/kg）
A	34.00	1.99	9.91	4.21	81.00	5.6	18.9
Ap	32.80	1.75	10.87	3.95	91.00	6.5	10.7
G	11.50	0.68	9.81	3.58	82.00	7.0	—
Gw	—	—	—	—	74.00	6.8	—

4.6.27　白心青紫泥田

4.6.27.1　归属与分布

白心青紫泥田（代号 1045-3）属水稻土土类，脱潜水稻土亚类，青紫泥田土属，其剖面构型为 A-Ap-Gw-G 或 A-Ap-G-Ew 型，总面积 2 470.00hm^2。

主要分布于李家巷、林城、虹星桥、包桥、吕山、里塘、观音桥、白阜、便民桥、长城等地。

4.6.27.2 主要性状

母质由上半段为湖、河沉积物，下半段为河相沉积物的二元叠合体构成。质地上半段为中壤至轻黏土，与青紫泥田相同；下半段为中壤，粗粉砂含量在30%左右，明显白化；土壤有机质含量丰富，土壤钾含量正常偏少，土壤磷含量缺乏；土壤弱酸性或中性，pH值5.6～7.0。

4.6.27.3 典型剖面

剖面于1982年10月采自雉城镇狄村。水田，水稻。剖面编号：城-狄-8。剖面土体物理性质、养分状况和化学性质见表4-85和表4-86。

A：0～14cm，棕灰，重壤土，团粒状结构，疏松。

Ap：15～21cm，棕色，重壤土，团粒状结构，紧实；有少量铁锰斑。

Gw：22～72cm，灰黑，轻黏土，块状结构，紧实，

G：73～100cm，灰白，中壤土，弱块状结构，较紧实，有较多铁锈管。

4.6.27.4 改良利用

该土爽水，但施肥见效慢，后劲较长而稳，作物往往易冷性发僵。如前期肥料用量过多，后期易贪青迟熟。改良利用上，以开沟降水，建设排、灌分系渠系为主攻方向，实行干耕晒垡，提高土温，采取合理的耕作制度，推广水旱轮作，促进潜在养分的转化，施肥上除了氮肥外，应注重施用磷、钾肥，以防养分失调，真正使其成为高产稳产农田。

表4-85 白心青紫泥田典型剖面土体物理性质

层次	深度/cm	细土颗粒（粒径/mm）组成/%						
		粗砂 0.5～1	中砂 0.25～0.5	细砂 0.05～0.25	粗粉 0.01～0.05	中粉 0.005～0.01	细粉 0.001～0.005	黏粒 ＜0.001
A	0～14	0.12	0.10	5.5	39.02	15.41	18.41	21.44
Ap	15～21	0.06	0.06	6.47	37.42	13.83	16.32	25.84
Gw	22～72	0.04	0.08	1.62	26.98	11.43	17.67	42.18
G	73～100	0.02	0.02	2.87	66.01	10.04	5.83	15.21

表 4-86 白心青紫泥田典型剖面土体养分状况和化学性质

层次	有机质 /(g/kg)	全氮 /(g/kg)	C/N	有效磷 /(mg/kg)	速效钾 /(mg/kg)	pH 值	阳离子交换量 /(cmol/kg)
A	36.40	2.02	10.45	3.74	57.00	5.8	—
Ap	22.00	1.26	10.13	3.39	56.00	6.6	—
Gw	21.60	0.93	13.47	1.95	91.00	6.9	—
G	—	—	—	—	63.00	6.9	—

4.6.28 黄心青紫泥田

4.6.28.1 归属与分布

黄心青紫泥田（代号 1045-4）属水稻土土类，脱潜水稻土亚类，青紫泥田土属，其剖面构型为 A-Ap-Gw-G 或 A-Ap-G-Wg 型，总面积 1 278.67hm^2。主要分布在洪桥、下箬、李家巷、包桥、夹浦、吕山、虹星桥、观音桥、长桥、白阜等地。

4.6.28.2 主要性状

母质为湖、河相沉积物，在其 40cm 以上土层为青紫泥田类型，40cm 以下土体黄化明显，有大量黄斑纹，部分土壤为均一黄色，系“古黄斑”层段。上半段质地为重壤土至轻黏土，下半段为轻黏至中黏土。交叉分布于黄斑田与青紫泥田地区，地形略低于黄斑田，高于青紫泥田。土壤有机质含量丰富，土壤钾、磷含量缺乏；土壤弱酸性或中性，pH 值 5.6 ～ 7.0。

4.6.28.3 典型剖面

剖面于 1982 年 10 月采自虹星桥镇厚全村。水田，水稻。剖面编号：观-厚-2。剖面土体物理性质、养分状况和化学性质见表 4-87 和表 4-88。

A：0 ～ 15cm，灰棕，轻黏土，团块状结构，疏松。

Ap：15 ～ 22cm，青灰，轻黏土，团块状结构，较紧实。

Gw：22 ～ 35cm，棕灰，轻黏土，块状结构，较紧实，有较多铁锰结核。

G：35 ～ 100cm，褐色，轻黏土，弱块状结构，较紧实，有少量铁锰结核。

4.6.28.4 改良利用

生产性能同青紫泥田，施肥见效慢，但后劲较长而稳，作物往往易冷性发僵。如前期肥料用量过多，后期易贪青迟熟。改良利用上，以开沟降水，建设排、灌分系渠系为主攻方向，实行干耕晒垡，提高土温，采取合理的耕作制度，推广水旱轮作，促进潜在养分的转化，施肥上除了氮肥外，应注重施用磷、钾肥，以防养分失调，真正使其成为高产稳产农田。

表 4-87 黄心青紫泥田典型剖面土体物理性质

层次	深度 / cm	细土颗粒（粒径 /mm）组成 /%						
		粗砂 0.5～1	中砂 0.25～0.5	细砂 0.05～0.25	粗粉 0.01～0.05	中粉 0.005～0.01	细粉 0.001～0.005	黏粒 ＜0.001
A	0～15	0.21	0.15	3.19	42.80	14.61	22.76	16.28
Ap	16～22	0.13	0.06	4.16	39.91	13.66	17.86	24.22
Gw	23～35	0.08	0.08	3.54	37.66	14.64	17.19	26.21
G	36～100	0.06	0.13	2.56	40.15	14.98	18.18	23.94

表 4-88 黄心青紫泥田典型剖面土体养分状况和化学性质

层次	有机质 /（g/kg）	全氮 /（g/kg）	C/N	有效磷 /（mg/kg）	速效钾 /（mg/kg）	pH	阳离子交换量 /（cmol/kg）
A	34.20	1.98	10.02	3.11	45.00	6.0	0.78
Ap	15.50	0.88	10.22	2.53	31.00	6.8	0.99
Gw	7.50	0.58	7.50	2.98	40.00	7.0	—
G	9.40	0.63	8.65	1.96	50.00	7.0	—

4.6.29 烂浸田

4.6.29.1 归属与分布

烂浸田（代号 1051-1）属水稻土土类，潜育水稻土亚类，烂浸田土属，其剖面构型为 A-Ap-G 或 A-G 型，面积仅 28.53hm^2，主要分布于横山等地。

4.6.29.2 主要性状

母质为山谷堆积物，质地轻松，以砂壤至轻壤为主，因受山边侧渗冷泉影响以及局部低洼终年积水。土壤有机质含量丰富，土壤磷含量正常偏低，土壤钾含量缺乏；土壤弱酸性或中性，pH 值 5.6～7.0。

4.6.29.3　典型剖面

剖面于 1982 年 11 月采自洪桥镇陈家湾村。水田，水稻。剖面编号：洪-陈-5。剖面土体物理性质、养分状况和化学性质见表 4-89 和表 4-90。

A：0～20cm，棕灰，轻壤土，小块状结构，烂泥，疏松。

G：21～70cm，青灰，中壤土，弱块状结构，软烂，疏松。

4.6.29.4　改良利用

终年糊烂、冷性，作物迟发、冬季无法种植，只好实行冬灌，水稻产量低；改良利用上以开沟降水、堵截山边冷泉危害为主攻方向，沿山开渠，兴修排灌渠系，给水以出路，冬天实行排水晒，冻土垡，提高土温，逐步变一年一熟为一年二熟。

表 4-89　烂浸田典型剖面土体物理性质

层次	深度 / cm	细土颗粒（粒径 /mm）组成 /%						
		粗砂 0.5～1	中砂 0.25～0.5	细砂 0.25～0.05	粗粉 0.05～0.01	中粉 0.005～0.01	细粉 0.001～0.005	黏粒 ＜0.001
A	0～20	0.45	3.36	29.32	38.02	7.44	7.34	14.07
G	21～70	1.02	2.88	27.67	36.05	9.64	6.50	16.24

表 4-90　烂浸田典型剖面土体养分状况和化学性质

层次	有机质 /（g/kg）	全氮 /（g/kg）	C/N	有效磷 /（mg/kg）	速效钾 /（mg/kg）	pH 值	阳离子交换量 /（cmol/kg）
A	31.50	2.20	8.30	6.12	45.00	5.6	—
G	36.00	2.20	9.49	6.65	25.00	5.8	—

4.6.30　烂青紫泥田

4.6.30.1　归属与分布

烂青紫泥田（代号 1053-1）属水稻土土类，潜育水稻土亚类，烂青紫泥田土属，其剖面构型为 A-Ap-G 或 A(g)-P(g)-G 型，面积仅 35.67hm^2，分布在管埭东草湖边。

4.6.30.2　主要性状

母质为湖沼相沉积物，剖面发育差，无明显犁底层，土色青灰色，土体糊烂，黏韧，质地轻黏土—重黏土，潜育严重，亚铁反应强，下层往往有腐泥层或泥层，为古潜体。土壤有机质含量较高，土壤钾含量中等偏高，土壤磷含量缺乏；土壤弱酸性或中性，pH 值 5.8 ~ 7.0。

4.6.30.3 典型剖面

剖面于1982年6月采自泗安镇郭家村。水田，水稻。剖面编号：管-郭-2。剖面土体物理性质、养分状况和化学性质见表 4-91 和表 4-92。

Ag：0 ~ 15cm，灰黑，轻黏，小块状结构，疏松。

Pg：16 ~ 24cm，黑灰，重黏，小块状结构，较紧实。

G_1：25 ~ 72cm，浅黄，重黏，块状结构，较紧实。

G_2：73 ~ 100cm，淡黄，重黏，弱块块状结构，较疏松。

4.6.30.4 改良利用

冷性，迟发，春花不能种植，一年一熟。改良利用上应抓着降低地下水位为主攻方向，兴修渠系，开沟排水，给水出路，干耕晒垡，提高土温，促进土壤养分矿质化速率，活化土壤内在养分。

表 4-91 烂青紫泥田典型剖面土体物理性质

层次	深度 / cm	细土颗粒（粒径 /mm）组成 /%						
		粗砂 0.5 ~ 1	中砂 0.25 ~ 0.5	细砂 0.05 ~ 0.25	粗粉 0.01 ~ 0.05	中粉 0.005 ~ 0.01	细粉 0.001 ~ 0.005	黏粒 < 0.001
Ag	0 ~ 15	0.11	0.19	1.40	26.04	14.39	31.70	26.17
Pg	16 ~ 24	0.04	0.11	0.63	14.83	6.36	22.25	55.78
G_1	25 ~ 72	—	—	0.47	15.41	9.03	18.07	57.02
G_2	73 ~ 100	0.90	1.10	4.42	8.96	13.19	24.26	47.11

表 4-92 烂青紫泥田典型剖面土体养分状况和化学性质

层次	有机质 /（g/kg）	全氮 /（g/kg）	C/N	有效磷 /（mg/kg）	速效钾 /（mg/kg）	pH 值	阳离子交换量 /（cmol/kg）
Ag	33.80	1.61	12.18	2.48	130.00	6.4	—
Pg	21.90	1.14	11.14	1.69	118.00	6.0	—
G_1	17.10	0.82	12.10	1.52	132.00	6.9	—
G_2	—	—	—	—	140.00	7.0	—

第 5 章　乡镇土种简述

长兴县下辖 4 街道 9 镇 2 乡，分别为雉城街道、画溪街道、太湖街道、龙山街道、洪桥镇、李家巷镇、夹浦镇、林城镇、虹星桥镇、小浦镇、和平镇、泗安镇、煤山镇、水口乡、吕山乡。根据 1984 年长兴县第二次土壤普查统计成果资料，以乡镇（街道）级行政区划为边界，对各辖区的土壤概况统计总结。

5.1　雉城街道

5.1.1　基本概况

雉城街道辖区范围东至新 104 国道，南至宣杭铁路，西至新长铁路，北至太湖大道，是长兴县人口集聚区和商贸集中区。辖区区域面积为 18.6km^2，农作物播种面积 106.8hm^2（2018 年），下辖 7 个村改居民区、18 个社区，户籍人口 80 375 人（2018 年）。全镇 7 个居民区：上杨、五峰、高家墩、金莲桥、钮店湾、古城、雉城。18 个社区：北门、台苑新村、大西门、小西门、鱼巷口、米行弄、三狮、金陵、南门、高阳桥、马巾巷、二虎头、明珠路、所前、仓前街、皇家湾、水木花都、回龙山。

5.1.2　地形地貌

该街道是长兴县人口集聚区、县商业中心。雉城名因城垣与西北之雉山相接而得；地势总趋势是地势平坦，海拔高度从 7.5 ～ 50m；地貌有低丘岗地、河谷平原和圩区平原。

5.1.3 成土母质

母质类型主要有酸性岩浆岩、石英质砂岩、石灰岩、泥质灰岩等风化物；第四世纪红土；河流新冲积物；湖、河相沉积物以及古代湖沼相沉积物。

5.1.4 土壤类型

雉城街道土壤类型有红壤、潮土、水稻土 3 个土类，包括 6 个亚类，9 个土属、11 个土种。区域内土壤质地以重壤土为主。红壤集中分布在该镇域内西北角五峰村一带，占土壤总面积的 13.23%；潮土主要分布在镇域的河流两侧，占土壤总面积的 10.47%；水稻土除该镇域西北角外其他区域均有分布，占土壤总面积的 76.3%；区域内红壤土壤肥力偏差，潮土、水稻土土壤肥力中等或偏上。目前区域内土壤已大部分为建设用地（表 5-1）。

表 5-1　雉城街道土壤分类统计

土类	亚类	土属	土种	比例 /%	分布区域
红壤	黄红壤	黄泥土	黄泥砂土	5.02	集中分布在该镇域内西北角五峰村一带
	棕红壤	亚棕黄筋泥	亚棕黄筋泥	8.21	
潮土	灰潮土	堆叠土	壤质堆叠土	10.47	主要分布在该镇域河流两侧
水稻土	渗育水稻土	培泥砂田	培泥砂田	1.56	除该镇域西北角外其他区域均有分布
			砂田		
	潴育水稻土	黄泥砂田	黄粉泥田	5.82	
		黄斑田	黄斑田	30.24	
		硬泥田	硬泥田	1.54	
		汀煞白土田	汀煞白土田	26.67	
	脱潜水稻土	青紫泥田	青紫泥田	10.47	
			黄心青紫泥田		

5.2 画溪街道

5.2.1 基本概况

画溪街道所辖区域北靠长兴中心城区，东接南太湖产业集聚区，南与吕山乡、虹星桥镇相连，西与林城镇、小浦镇接壤，全街道区域面积约 69km^2，农作物播种面积 4 592hm^2（2018 年），辖 11 个行政村、4 个居民区、一个工业功能区，户籍人口 37 991 人（2018 年）。全镇 11 个行政村：包桥村、三新村、徐家滨村、白阜村、白莲桥村、新庄村、长桥村、曹家桥村、大抖村、南石桥村、姚家桥村。4 个居民区：明门、竹元村、柏家滨、三星抖。

5.2.2　地形地貌

该街道海拔高度在 3.5 ～ 4.5m；地貌类型为低丘岗地和圩区平原。

5.2.3　成土母质

母质类型主要有酸性岩浆岩、石英质砂岩、石灰岩、泥质灰岩等风化物；第四世纪红土；河（溪）新冲积物；湖、河相沉积物以及古代湖沼相沉积物。

5.2.4　土壤类型

画溪街道土壤类型有红壤、石灰岩土、潮土、水稻土 4 个土类，包括 8 个亚类，16 个土属、22 个土种。土壤质地有重壤土、轻壤土和砂壤土。红壤、石灰岩土集中分布在该镇域西北部区（三新村、白阜村一带），占土壤总面积的 14.69%；潮土主要分布在镇域的溪（河）两侧，占土壤总面积的 11.61%；水稻土分布在该镇域大部分区域，以圩区平原为主，占土壤总面积的 73.7%。该区域内除红壤、石灰岩土外，大部分土壤肥力中等或偏上（表 5-2）。

表 5-2　画溪街道土壤分类统计

土类	亚类	土属	土种	比例 /%	分布区域
红壤	黄红壤	黄泥土	黄泥砂土	6.10	集中分布在该镇域北部区（白阜村一带）
	棕红壤	亚棕黄筋泥	棕黄筋泥	8.58	集中分布在该镇域西北部区（三新村、白阜村一带）
			亚棕黄筋泥		
石灰岩土	棕色石灰土	油黄泥	油黄泥	0.01	
潮土	灰潮土	培泥砂土	培泥砂土	0.03	在镇域内河（溪）流两侧均有分布
		泥砂土	泥砂土	1.18	
		堆叠土	壤质堆叠土	10.41	

土类	亚类	土属	土种	比例 /%	分布区域
水稻土	淹育水稻土	湖松田	湖松田	0.05	分布在该镇域大部分区域，以圩区平原为主
	渗育水稻土	培泥砂田	培泥砂田	0.21	
		泥砂田	泥砂田	0.16	
		湖成白土田	白土田	0.45	
			黄白土田		
	潴育水稻土	洪积泥砂田	洪积泥砂田	0.11	
		黄泥砂田	黄泥砂田	3.15	
			黄粉泥田		
		黄斑田	黄斑田	13.36	
		硬泥田	硬泥田	11.68	
			青塥硬泥田		
		汀煞白土田	汀煞白土田	26.29	
	脱潜水稻土	青紫泥田	青紫泥田	18.24	
			白心青紫泥田		
			黄心青紫泥田		

5.3 太湖街道

5.3.1 基本概况

太湖街道位于长兴的东大门，街道辖区范围东至滨湖大道，南至 104 国道，西至明珠路，北至盛家漾，行政面积 54.5km^2，农作物播种面积 3 107.6hm^2（2018 年），下辖 8 个行政村、13 个居民区和 2 个社区，户籍人口 47 786 人（2018 年）。全镇 8 个行政村：南张滨村、新开河村、钱家圩村、祥符圩村、新塘村、沉渎港村、彭城村、霞城村。13 个居民区：杨庄、陆汇头、杨湾、上莘桥、白溪、王滨头、陈塘、南庄、五里桥、陆家圩、八字桥、官圩、留下。2 个社区：晨光、新溪。

5.3.2　地形地貌

该街道是东临太湖，地势平坦，土壤肥沃；海拔高度在 4.5m 以下，低处小于 3.5m；地貌为水网平原。

5.3.3　成土母质

河流新冲积物；湖、河相沉积物以及古代湖沼相沉积物。

5.3.4　土壤类型

太湖街道土壤类型有潮土、水稻土 2 个土类，包括 6 个亚类，12 个土属、17 个土种。土壤质地主要有轻黏土和重壤土。潮土主要分布在镇域的太湖沿岸及河流两侧区域，占土壤总面积的 8.57%；水稻土在乡镇区域中均有分布，占土壤总面积的 91.43%；区域内土壤肥力中等偏上，是长兴县最好的水稻土区域之一（表 5-3 和图 5-1）。

表 5-3　太湖街道土壤分类统计

土类	亚类	土属	土种	比例 /%	分布区域
潮土	灰潮土	潮泥土	潮松土	3.37	集中分布在太湖沿岸旱地区
		堆叠土	壤质堆叠土	5.20	集中分布乡镇区域内河流两侧旱地区
水稻土	淹育水稻土	黄油泥田	黄油泥田	0.13	集中分布在太湖沿岸水田区
		湖松田	湖松田	10.07	
	渗育水稻土	湖成白土田	青紫头白土田	0.35	除太湖沿岸外分布全乡镇区域
			黄白土田		
	潴育水稻土	洪积泥砂田	洪积泥砂田	0.07	
		黄泥砂田	黄粉泥田	0.07	
		黄斑田	黄斑田	20.41	
			青塥黄斑田		
		硬泥田	硬泥田	1.93	
			青塥硬泥田		
		汀煞白土田	汀煞白土田	3.60	
	脱潜水稻土	青紫泥田	青紫泥田	54.19	
			白心青紫泥田		
			黄心青紫泥田		
	潜育水稻土	烂青紫泥田	烂青紫泥田	0.60	

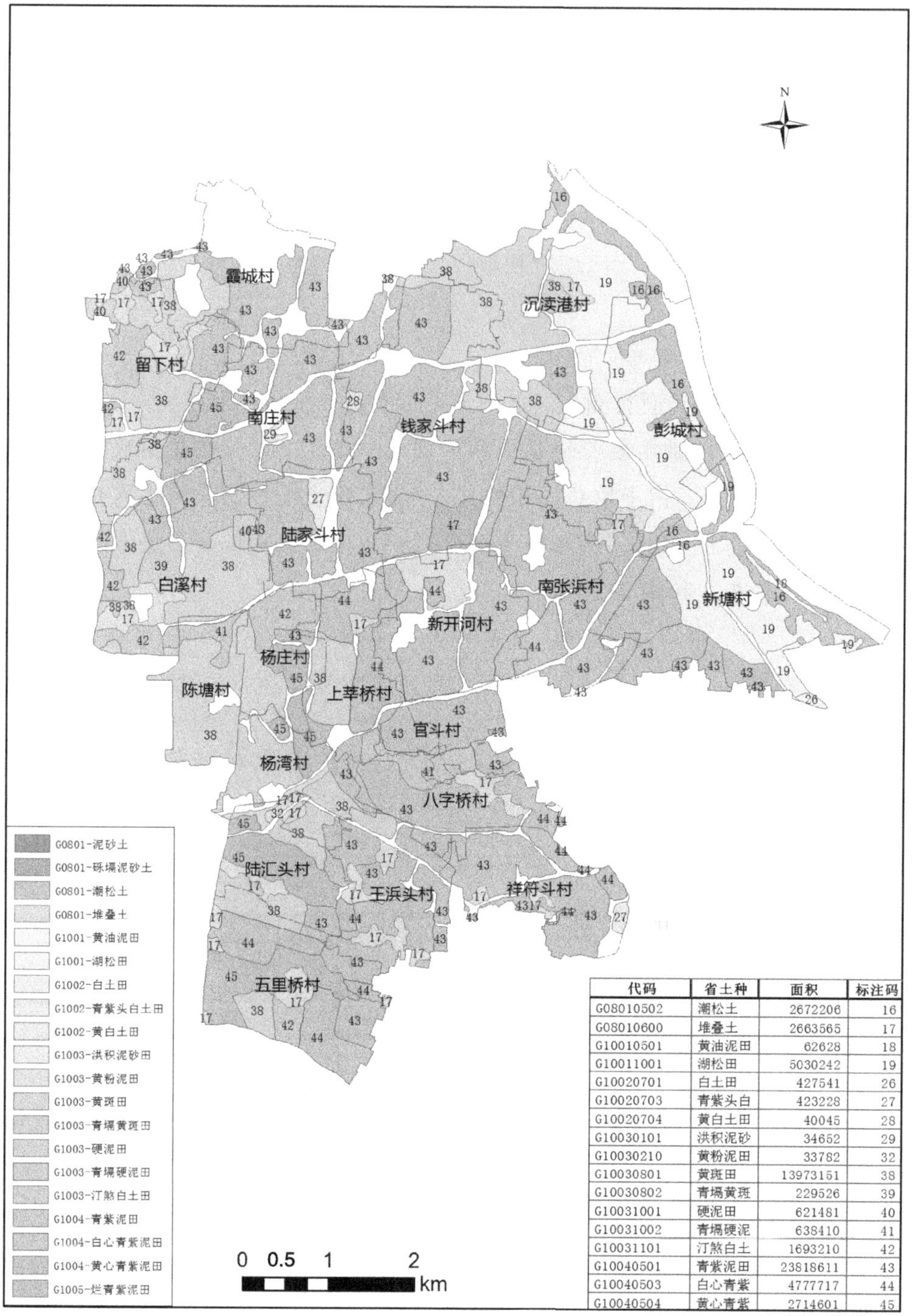

代码	省土种	面积	标注码
G08010502	潮松土	2672206	16
G08010600	堆叠土	2663565	17
G10010501	黄油泥田	62628	18
G10011001	湖松田	5030242	19
G10020701	白土田	427541	26
G10020703	青紫头白	423228	27
G10020704	黄白土田	40045	28
G10030101	洪积泥砂	34652	29
G10030210	黄粉泥田	33782	32
G10030801	黄斑田	13973151	38
G10030802	青塥黄斑	229526	39
G10031001	硬泥田	621481	40
G10031002	青塥硬泥	638410	41
G10031101	汀煞白土	1693210	42
G10040501	青紫泥田	23818611	43
G10040503	白心青紫	4777717	44
G10040504	黄心青紫	2714601	45

图 5-1　太湖街道土壤分布

5.4　龙山街道

5.4.1　基本概况

龙山街道地处长兴县政治文化中心，是县委、县政府所在地。位于太湖大道以北，明珠路以西，西与小浦相邻，北与水口相接，区域面积 50.4km^2，农作物播种面积 1 757hm^2（2018 年），下辖 4 个社区、4 个村改居民区和 4 个行政村，户籍人口 36 817 人（2018 年）。全镇 4 个行政村：川步村、后洋村、渚山村、涧塘村。4 个居民区：新湖、玄坛庙、高山岭、西峰坝。4 个社区：体育场、龙山、齐北、双拥。

5.4.2　地形地貌

该街道地势总趋势是地势平坦，海拔高度 5.5 ～ 200m；地貌有高丘、低丘岗地、河谷平原。

5.4.3　成土母质

母质类型主要有酸性岩浆岩、石英质砂岩、石灰岩、泥质灰岩等风化物；第四世纪红土；非石灰性紫色砂岩和砂砾岩风化物、火成岩和沉积岩的风化残积体；山区近代冲积、洪积物；河（溪）新冲积物；湖、河相沉积物以及古代湖沼相沉积物。

5.4.4　土壤类型

龙山街道土壤类型有红壤、紫色土、石灰岩土、粗骨土、潮土、水稻土 6 个土类，包括 10 个亚类，16 个土属、18 个土种。区域内土壤质地主要有重壤土和轻壤土。红壤在镇域内低山高丘地区均有分布，占土壤总面积的 50.83%；紫色土集中分布在该乡镇的西峰坝西南角，占土壤总面积的 0.57%；石灰岩土集中分布在该乡镇的西南低山区，占土壤总面积的 2.33%；粗骨土集中分布在该乡镇的西南低山区，占土壤总面积的 2.27%；潮土主要分布在镇域的溪（河）两侧，占土壤总面积的 8.60%；水稻土集中分布在该乡镇的东部水网平原水田区，占土壤总面积的 35.40%。区域内潮土、水稻土土壤肥力中等或偏上；其他土壤肥力偏下（图 5-2 和表 5-4）。

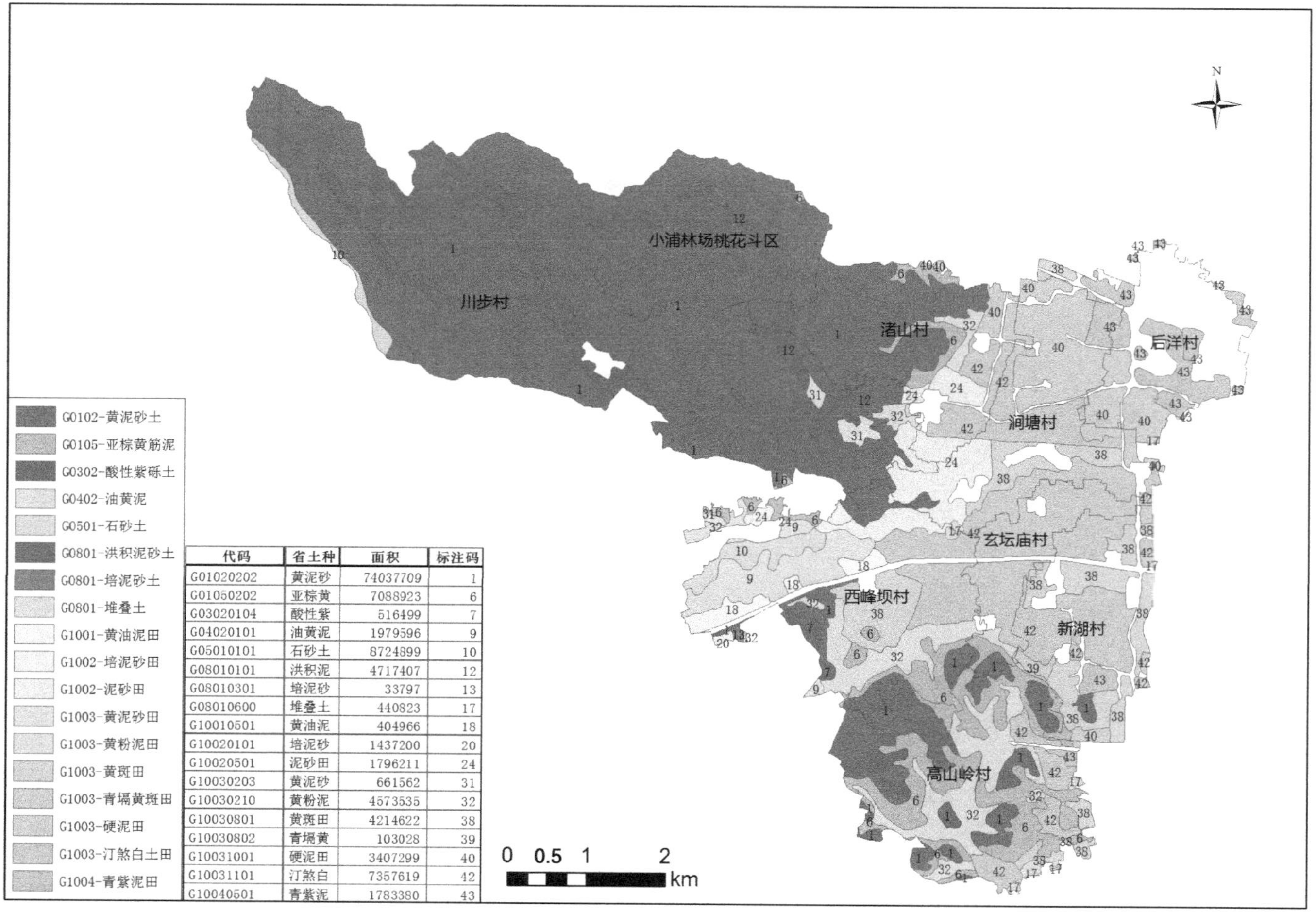

代码	省土种	面积	标注码
G01020202	黄泥砂	74037709	1
G01050202	亚棕黄	7088923	6
G03020104	酸性紫	516499	7
G04020101	油黄泥	1979596	9
G05010101	石砂土	8724899	10
G08010101	洪积泥	4717407	12
G08010301	培泥砂	33797	13
G08010600	堆叠土	440823	17
G10010501	黄油泥	404966	18
G10020101	培泥砂	1437200	20
G10020501	泥砂田	1796211	24
G10030203	黄泥砂	661562	31
G10030210	黄粉泥	4573535	32
G10030801	黄斑田	4214622	38
G10030802	青塥黄	103028	39
G10031001	硬泥田	3407299	40
G10031101	汀煞白	7357619	42
G10040501	青紫泥	1783380	43

图 5-2　龙山街道土壤分布

表 5-4　龙山街道土壤分类统计

土类	亚类	土属	土种	比例 /%	分布区域
红壤	黄红壤	黄泥土	黄泥砂土	44.38	主要分布在该乡镇区域内西北和南部地区
	棕红壤	亚棕黄筋泥	亚棕黄筋泥	6.45	
紫色土	酸性紫色土	酸性紫砂土	酸性紫砾土	0.57	集中分布在该乡镇的西峰坝西南角
石灰岩土	棕色石灰土	油黄泥	油黄泥	2.33	集中分布在该乡镇的西南低山区
粗骨土	酸性粗骨土	石砂土	石砂土	2.27	
潮土	灰潮土	洪积泥砂土	洪积泥砂土	8.37	集中分布在该乡镇的溪（河）两侧
		培泥砂土	培泥砂土	0.01	
		堆叠土	壤质堆叠土	0.22	
水稻土	淹育水稻土	黄油泥田	黄油泥田	0.80	集中分布在该乡镇的东部水网平原水田区
	渗育水稻土	培泥砂田	培泥砂田	0.10	
		泥砂田	泥砂田	3.49	
	潴育水稻土	黄泥砂田	黄泥砂田	5.64	
			黄粉泥田		
		黄斑田	黄斑田	4.74	
			青塥黄斑田		
		硬泥田	硬泥田	5.06	
		汀煞白土田	汀煞白土田	13.05	
	脱潜水稻土	青紫泥田	青紫泥田	2.52	

5.5　洪桥镇

5.5.1　基本概况

洪桥镇位于长兴县东部，地处太湖南岸、弁山之北，东与湖州市省级经济旅游开发区太湖山庄毗邻。镇域面积 52km^2，农作物播种面积 4 153.27hm^2（2018 年），辖 15 个行政村，1 个社区居委会，户籍人口 44 838 人（2018 年）。全镇 15 个行政村：洪桥、亭子桥、古龙、南阳、排田漾、橡树下、陈家埭、陈桥、潼桥、金星、太湖、中道、东王、牟山、万仕桥。1 个居委会：洪桥居委会。

5.5.2　地形地貌

该镇因河港交叉纵横，湖泊星罗棋布，桥梁众多而取名。该区域内有 15km 长的环太湖大堤；洪桥片总趋势是地势平稳，区域内大部分地方海拔高度均低于 3.5m，横山片地势呈西南高东南低，海拔高度从 500m 直至降至 3.5m 以下；地貌主要有低山、高丘、低丘岗地和水网平原。

5.5.3 成土母质

母质类型主要有酸性岩浆岩、石英质砂岩、石灰岩、泥质灰岩等风化物；山区近代冲积、洪积物；湖、河相沉积物；滨湖相近代沉积物以及古代湖沼相沉积物。

5.5.4 土壤类型

洪桥镇土壤类型有红壤、石灰岩土、粗骨土、潮土、水稻土 5 个土类，包括 10 个亚类，14 个土属、19 个土种。土壤质地主要有轻黏土、重壤土和轻壤土。红壤土、石灰岩土、粗骨土主要分布在该乡镇区域西南角低山、丘陵缓坡及低岗区，分别占土壤总面积的 29.18%、0.23% 和 0.52%，土壤肥力偏差；潮土地处镇域主要分布镇域太湖沿岸旱地区，占土壤总面积的 6.49%，土壤肥力中等；水稻土集中分布在该乡镇区域内水网平原水田区，占土壤总面积的 63.58%，肥力中等偏上（表 5-5 和图 5-3）。

表 5-5 洪桥镇土壤分类统计

土类	亚类	土属	土种	比例 /%	分布区域
红壤	黄红壤	黄泥土	黄泥砂土	25.40	主要分布在镇域西南角低山丘陵区
			黄砾泥		
	棕红壤	亚棕黄筋泥	亚棕黄筋泥	3.78	
石灰岩土	棕色石灰土	油黄泥	油黄泥	0.23	
粗骨土	酸性粗骨土	石砂土	石砂土	0.52	
潮土	灰潮土	潮泥土	潮松土	4.02	主要分布镇域太湖沿岸旱地区
		堆叠土	壤质堆叠土	2.47	
水稻土	淹育水稻土	湖松田	湖松田	3.13	主要分布镇域太湖沿岸水田区
	渗育水稻土	湖成白土田	白土田	11.00	
			青紫头白土田		
	潴育水稻土	黄泥砂田	黄泥砂田	0.13	主要分布镇域大部分部水田区域
		泥质田	白塥泥质田	0.07	
		黄斑田	黄斑田	1.76	
			青塥黄斑田		
		硬泥田	硬泥田	0.10	
			青塥硬泥田		
	脱潜水稻土	青紫泥田	青紫泥田	47.03	
			白心青紫泥田		
	潜育水稻土	烂浸田	烂浸田	0.36	

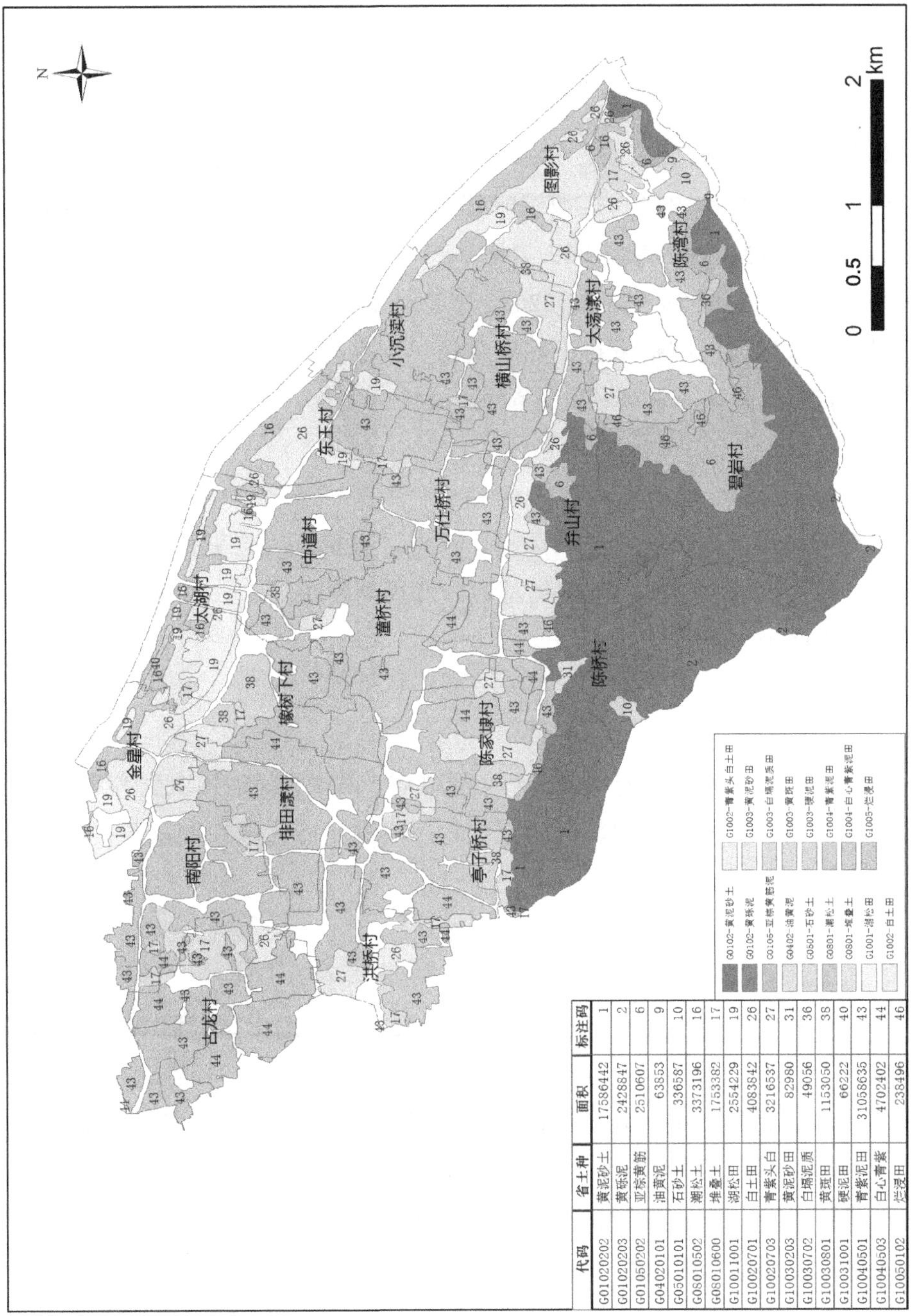
N
0 0.5 1 2 km
金星村
南阳村
古龙村
太湖村
排田漾村
橡树下村
中道村
潼桥村
洪桥村
亭子桥村
陈家埭村
万仕桥村
东王村
小沉渎村
横山桥村
大荡漾村
陈湾村
图影村
弁山村
陈桥村
碧岩村
代码	省土种	面积	标注码
G01020202	黄泥砂土	17586442	1
G01020203	黄砾泥	2428847	2
G01050202	亚棕黄筋	2510607	6
G04020101	油黄泥	63853	9
G05010101	石砂土	336587	10
G05010502	潮松土	3373196	16
G08010600	堆叠土	1753382	17
G10011001	湖松田	2554229	19
G10020701	白土田	4083842	26
G10020703	青紫头白	3216537	27
G10030203	黄泥砂田	82980	31
G10030702	白塥泥质	49056	36
G10030801	黄斑田	1153050	38
G10031001	硬泥田	66222	40
G10040501	青紫泥田	31058635	43
G10040503	白心青紫	4702402	44
G10050102	烂浸田	238496	46

图 5-3　洪桥镇土壤分布

5.6 李家巷镇

5.6.1 基本概况

李家巷镇位于长兴东南，东靠牟山与洪桥接壤，南与湖州市经济开发区相连，西、北与吕山乡、雉城镇毗邻，距长兴中心城区 9km。现镇域面积 35.2km^2，农作物播种面积 3 369.7hm^2（2018 年），辖 12 个行政村，1 个社区居委会，户籍人口 28 656 人（2018 年）。全镇 12 个行政村：章滨村、许家滨村、计家滨村、广福桥村、陈家滨村、刘家渡村、石泉村、西坝村、老虎洞村、青草坞村、李家巷村、沈湾村。1 个居委会：李家巷。

5.6.2 地形地貌

该镇东靠弁山，石灰石、石英石、页岩、方解石、硅灰石等矿产资源储量丰富，是全国最大的重质碳酸钙基地。海拔高度在 3.5 ～ 200m；地貌主要有低山和水网平原等。

5.6.3 成土母质

母质类型主要有酸性岩浆岩、石英质砂岩、石灰岩、泥质灰岩等风化物；山区近代冲积、洪积物；湖、河相沉积物；滨湖相近代沉积物以及古代湖沼相沉积物。

5.6.4 土壤类型

李家镇巷土壤类型有红壤、石灰岩土、粗骨土、潮土、水稻土 5 个土类，包括 15 个亚类，15 个土属、21 个土种。土壤质地有重壤土、轻壤土和轻黏土。红壤、石灰岩、粗骨土主要分布在该乡镇区域东南角低山、丘陵缓坡及低岗区，分别占土壤总面积的 34.56%、6.65% 和 4.31%，土壤肥力偏差；潮土占土壤总面积的 4.25%，土壤肥力中等；水稻土田集中分布在该乡镇区域内水网平原水田区，占土壤总面积的 50.21%，肥力中等偏上（表 5-6 和图 5-4）。

表 5-6　李家巷镇土壤分类统计

土类	亚类	土属	土种	比例 /%	分布区域
红壤	黄红壤	黄泥土	黄泥砂土	23.70	集中分布在镇域东南部
			黄砾泥		
	棕红壤	亚棕黄筋泥	棕黄筋泥	10.86	
			亚棕黄筋泥		
石灰岩土	棕色石灰土	黑油泥	黑油泥	0.41	集中分布在镇域东南部
		油黄泥	油黄泥	6.24	
粗骨土	酸性粗骨土	石砂土	石砂土	4.31	
潮土	灰潮土	堆叠土	壤质堆叠土	4.25	集中分布在镇域西北部
水稻土	渗育水稻土	培泥砂田	培泥砂田	0.35	
		湖成白土田	白土田	2.22	
			青紫头白土田		
	潴育水稻土	洪积泥砂田	洪积泥砂田	0.05	
		黄泥砂田	黄泥砂田	3.39	
		黄斑田	黄斑田	7.41	
			青塥黄斑田		
		硬泥田	硬泥田	1.60	
		汀煞白土田	汀煞白土田	5.41	
	脱潜水稻土	青紫泥田	青紫泥田	29.70	
			白心青紫泥田		
			黄心青紫泥田		
	潜育水稻土	烂青紫泥田	烂浸田	0.09	

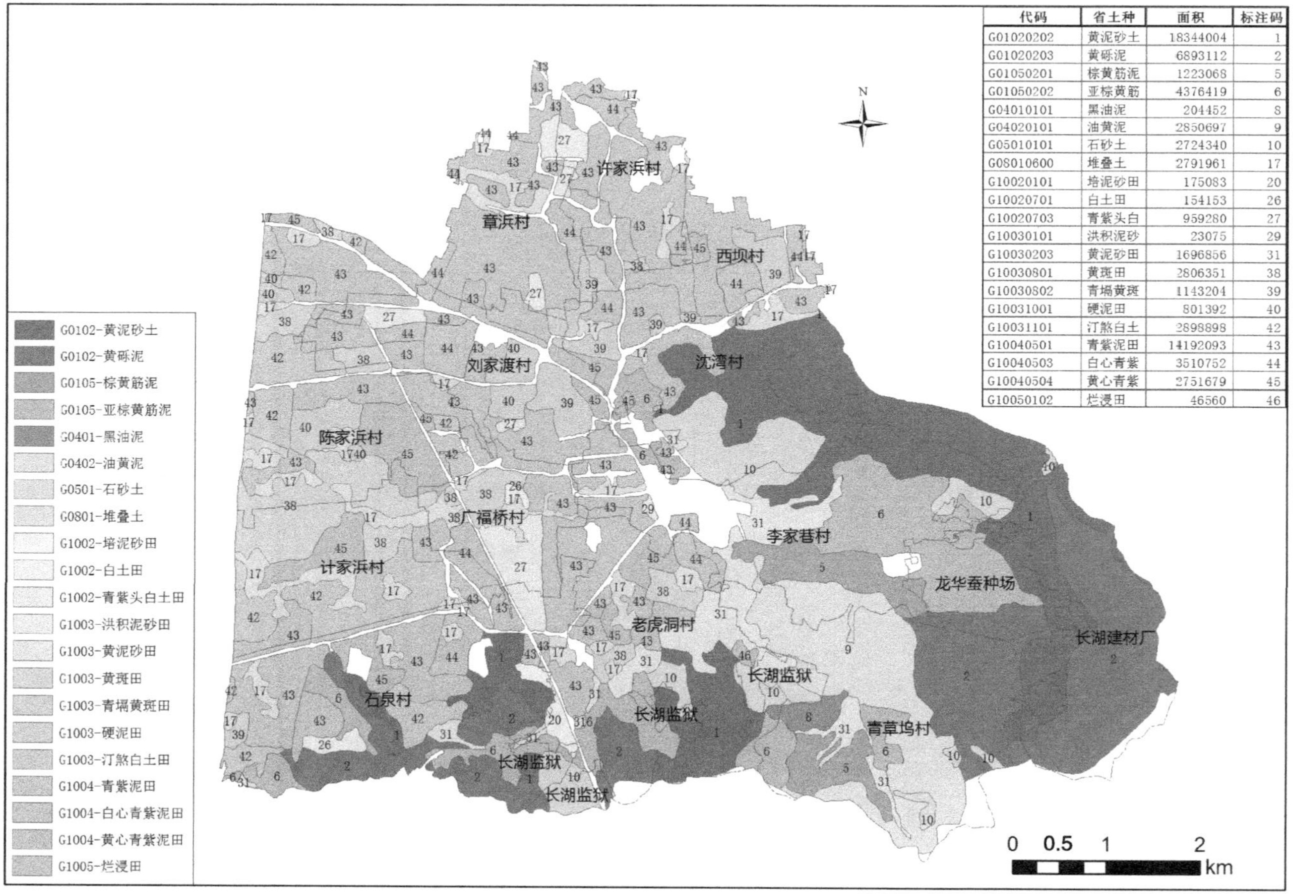

代码	省土种	面积	标注码
G01020202	黄泥砂土	18344004	1
G01020203	黄砾泥	6893112	2
G01050201	棕黄筋泥	1223068	5
G01050202	亚棕黄筋	4376419	6
G04010101	黑油泥	204452	8
G04020101	油黄泥	2850697	9
G05010101	石砂土	2724340	10
G08010600	堆叠土	2791961	17
G10020101	培泥砂田	175083	20
G10020701	白土田	154153	26
G10020703	青紫头白	959280	27
G10030101	洪积泥砂	23075	29
G10030203	黄泥砂田	1696856	31
G10030801	黄斑田	2806351	38
G10030802	青塥黄斑	1143204	39
G10031001	硬泥田	801392	40
G10031101	汀煞白土	2898898	42
G10040501	青紫泥田	14192093	43
G10040503	白心青紫	3510752	44
G10040504	黄心青紫	2751679	45
G10050102	烂浸田	46560	46

图 5-4　李家巷镇土壤分布

5.7 夹浦镇

5.7.1 基本概况

夹浦镇，位于太湖西南岸，居浙江最北部，与江苏省宜兴市相接。镇域面积 69km^2，农作物播种面积 2 711.3hm^2（2018 年），辖 13 个行政村，1 个居民区，户籍人口 28 746 人（2018 年）。全镇 13 个行政村：滨湖村、香山村、父子岭、吴城村、丁新村、长平村、北川村、夹浦村、陶家湾村、喜鹊圩村、月明村、环沉村、太平桥村。1 个居民区：夹浦。

5.7.2 地形地貌

该镇位于金沙溪（乌溪）和环城港的汇合处，两港相夹入太湖而得名，地势总趋势是北西高东南低，海拔高度从 3.5 ～ 500m；地貌有低山、高丘、低丘岗地、河谷平原和水网平原。

5.7.3 成土母质

母质类型主要有酸性岩浆岩、石英质砂岩、石灰岩、泥质灰岩等风化物；山区近代冲积、洪积物；湖、河相沉积物；滨湖相近代沉积物以及古代湖沼相沉积物。

5.7.4 土壤类型

夹浦镇土壤类型有红壤、潮土、水稻土 3 个土类，包括 7 个亚类，16 个土属、18 个土种。土壤质地主要有重壤土、中壤土、轻壤土、砂壤土和砂土。红壤主要分布在镇域低山丘陵缓坡和低岗，占土壤总面积的 45.1%，土壤肥力偏差；潮土主要分布镇域溪流两侧或太湖沿岸旱地部分，土壤总面积的 8.57%，土壤肥力中等；水稻土主要分布在镇域东南水网平原区，占土壤总面积的 46.33%，土壤肥力中等或偏上（表 5-7 和图 5-5）。

表 5-7　夹浦镇土壤分类统计

<table>
<tr><th>土类</th><th>亚类</th><th>土属</th><th>土种</th><th>比例 /%</th><th>分布区域</th></tr>
<tr><td rowspan="2">红壤</td><td>黄红壤</td><td>黄泥土</td><td>黄泥砂土</td><td>44.47</td><td>主要分布在镇域的西北部低山高丘区</td></tr>
<tr><td>棕红壤</td><td>亚棕黄筋泥</td><td>亚棕黄筋泥</td><td>0.63</td><td>主要分布在镇域的中北丘陵区</td></tr>
<tr><td rowspan="5">潮土</td><td rowspan="5">灰潮土</td><td>洪积泥砂土</td><td>洪积泥砂土</td><td>1.28</td><td rowspan="3">主要分布在镇域西北向
东南方向沿溪流两侧</td></tr>
<tr><td>培泥砂土</td><td>培泥砂土</td><td>0.82</td></tr>
<tr><td>泥砂土</td><td>砾塥泥砂土</td><td>1.42</td></tr>
<tr><td>潮泥土</td><td>潮松土</td><td>2.72</td><td rowspan="2">主要分布在镇域沿太湖旱地区域</td></tr>
<tr><td>堆叠土</td><td>壤质堆叠土</td><td>2.33</td></tr>
<tr><td rowspan="11">水稻土</td><td>淹育水稻土</td><td>湖松田</td><td>湖松田</td><td>5.31</td><td>主要分布在镇域沿太湖水田区域</td></tr>
<tr><td rowspan="2">渗育水稻土</td><td>培泥砂田</td><td>培泥砂田</td><td>0.99</td><td rowspan="10">主要分布在镇域东南水网平原区域</td></tr>
<tr><td>泥砂田</td><td>泥砂田</td><td>0.93</td></tr>
<tr><td rowspan="7">潴育水稻土</td><td>洪积泥砂田</td><td>洪积泥砂田</td><td>0.27</td></tr>
<tr><td rowspan="2">黄泥砂田</td><td>黄泥砂田</td><td rowspan="2">0.77</td></tr>
<tr><td>黄粉泥田</td></tr>
<tr><td>黄斑田</td><td>黄斑田</td><td>26.95</td></tr>
<tr><td rowspan="2">硬泥田</td><td>硬泥田</td><td rowspan="2">4.26</td></tr>
<tr><td>青塥硬泥田</td></tr>
<tr><td>汀煞白土田</td><td>汀煞白土田</td><td>4.12</td></tr>
<tr><td>脱潜水稻土</td><td>青紫泥田</td><td>青紫泥田</td><td>2.73</td></tr>
</table>

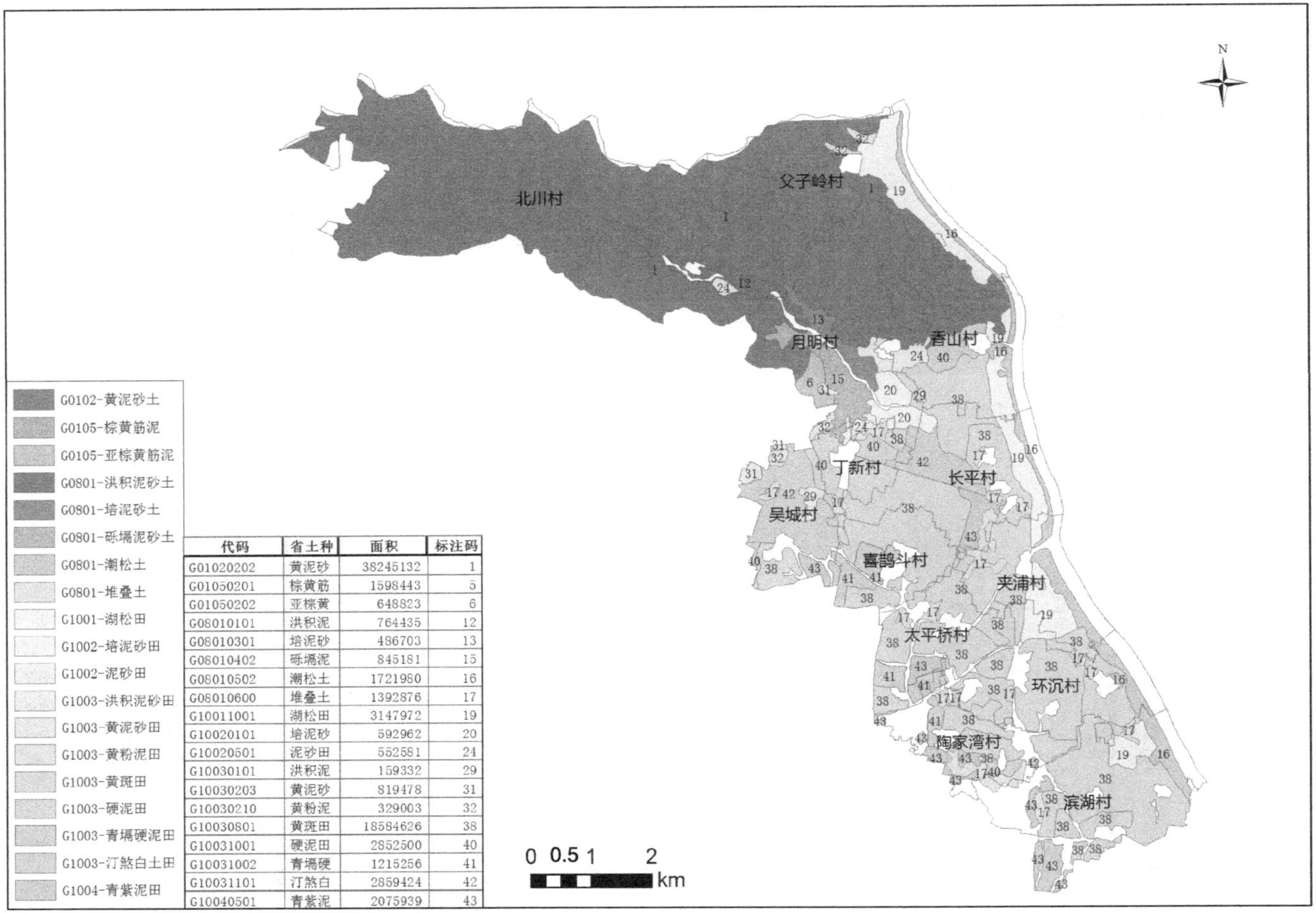

代码	省土种	面积	标注码
G01020202	黄泥砂	38245132	1
G01050201	棕黄筋	1598443	5
G01050202	亚棕黄	648823	6
G08010101	洪积泥	764435	12
G08010301	培泥砂	486703	13
G08010402	砾塥泥	845181	15
G08010502	潮松土	1721980	16
G08010600	堆叠土	1392876	17
G10011001	湖松田	3147972	19
G10020101	培泥砂	592962	20
G10020501	泥砂田	552581	24
G10030101	洪积泥	159332	29
G10030203	黄泥砂	819478	31
G10030210	黄粉泥	329003	32
G10030801	黄斑田	18584626	38
G10031001	硬泥田	2852500	40
G10031002	青塥硬	1215256	41
G10031101	汀煞白	2859424	42
G10040501	青紫泥	2075939	43

图 5-5　夹浦镇土壤分布

5.8 林城镇

5.8.1 基本概况

林城镇，地处长兴县西南，东临雉城，西倚泗安，南接安吉，北连小浦，距县城 12km，全镇面积 128km^2，农作物播种面积 10 409.3hm^2（2018 年），辖 20 个行政村，1 个社区，户籍人口 55 738 人（2018 年）。全镇 20 个行政村：向阳、桥南、方山窑、姚洪斗、永丰、北汤、上狮、连心、周吴岕、午山岗、石英、天平桥、塘南、太傅、阳光、大云寺、畎桥、新华、泥斗、新星。1 个社区：百叶龙社区。

5.8.2 地形地貌

地势总趋势是北高南低，海拔高度从 4.5 ～ 500m；西南高东南低，海拔高度 4.5 ～ 50m。地貌有低山、高丘、低丘和圩区平原。

5.8.3 成土母质

母质类型主要有残积物与坡积物、洪积物与冲积物、河湖沉积物三类。其中洪积物与冲积物主要分布在畎桥西南片、太傅片；河湖沉积物主要分布在原林城片、天平片和畎桥片大部；残积物与坡积物只在天平片西部与管埭相连接处有局部分布。

5.8.4 土壤类型

林城镇土壤类型有红壤、粗骨土、潮土、水稻土 4 个土类，包括 7 个亚类，18 个土属、27 个土种。土壤质地主要有轻黏土、重壤土、中壤土、轻壤土和砂壤土。红壤主要分布在丘陵缓坡和低岗，占土壤总面积的 28.52%；粗骨土主要分布高丘低山，占土壤总面积的 5.78%；潮土主要分布在泗安塘沿岸和区域内河流两侧，母质为冲积物、洪积物，占土壤总面积的 13.16%；水稻土分布甚广，从丘陵缓坡到平原圩区均有分布，占土壤总面积的 52.54%；平原圩区水稻土以河湖沉积物为主；山区的山冲田和山坡梯田，以坡积为主。

区域内红壤、粗骨土土壤肥力偏差；潮土土壤肥力中等；平原圩区水稻土肥力水平中等或偏上；山区的山冲田和山坡梯田肥力较差（表 5-8 和图 5-6）。

表 5-8　林城镇土壤分类统计

土类	亚类	土属	土种	比例 /%	分布区域
红壤	黄红壤	黄泥土	黄泥砂土	13.45	主要集中在镇域北部低山高丘区域
	棕红壤	亚棕黄筋泥	棕黄筋泥	15.07	主要集中在镇域中北部高丘区域
			亚棕黄筋泥		
粗骨土	酸性粗骨土	石砂土	石砂土	1.36	主要集中在镇域北部和南部低山区
		红砂土	红砂土	4.42	
潮土	灰潮土	洪积泥砂土	洪积泥砂土	2.44	主要集中在镇域泗安塘沿岸和河流两侧等区域
		泥砂土	泥砂土	1.94	
		堆叠土	壤质堆叠土	8.78	
水稻土	渗育水稻土	培泥砂田	培泥砂田	4.37	主要集中在镇域中部圩区平原
		棕粉泥田	棕粉泥田	0.16	
		泥砂田	泥砂田	1.30	
			焦砾塥泥砂田		
		湖成白土田	白土田	2.57	
			青紫头白土田		
			黄白土田		
	潴育水稻土	洪积泥砂田	洪积泥砂田	0.17	主要集中在镇域东南部圩区平原
		黄泥砂田	黄泥砂田	8.29	
			黄粉泥田		
			黄大泥田		
		泥质田	泥筋田	0.01	
		黄斑田	黄斑田	0.48	
		硬泥田	硬泥田	10.38	
			青塥硬泥田		
		汀煞白土田	汀煞白土田	2.05	
	脱潜水稻土	青紫泥田	青紫泥田	22.76	
			白心青紫泥田		
			黄心青紫泥田		

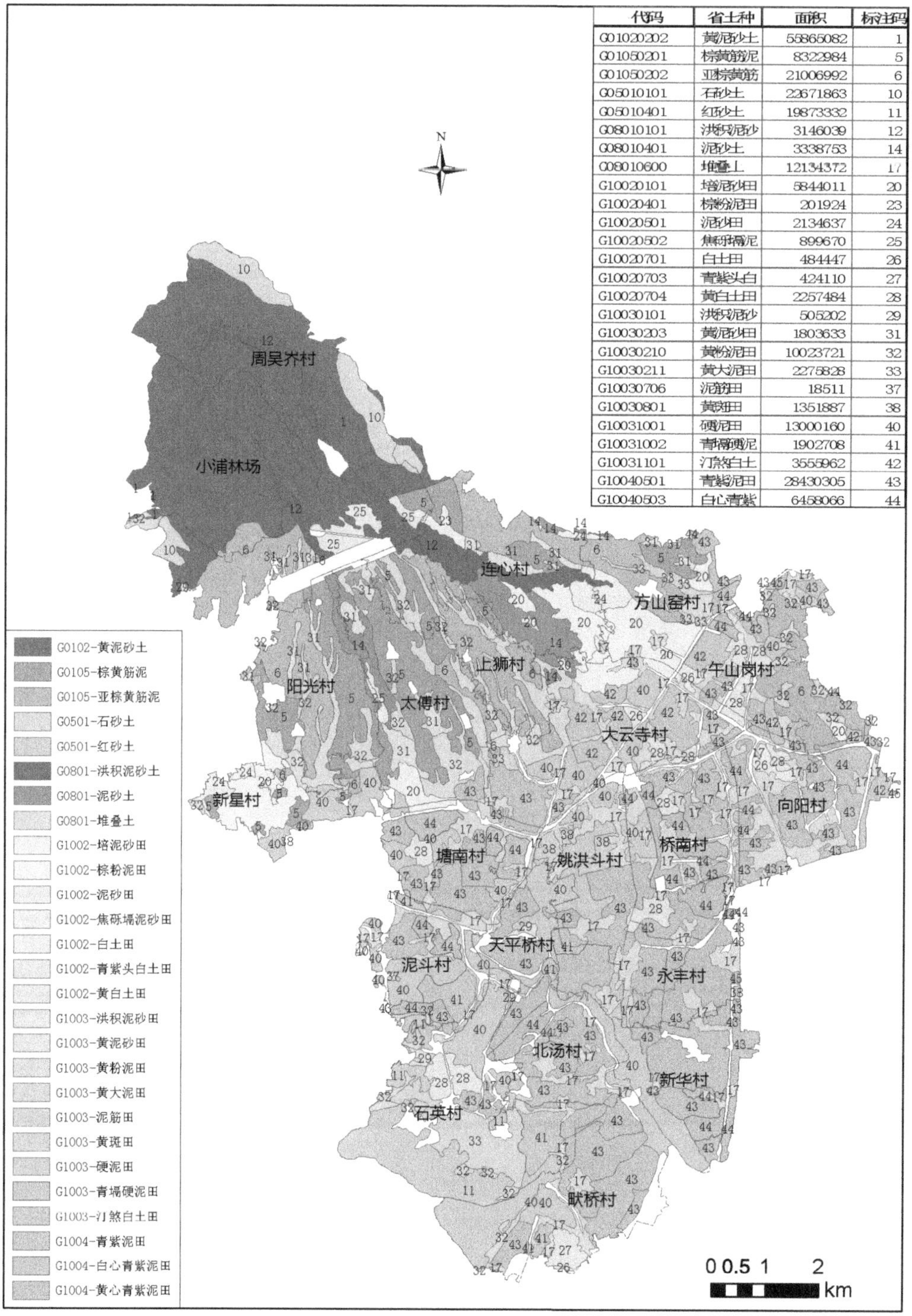

代码	省土种	面积	标注码
G01020202	黄泥砂土	55865082	1
G01050201	棕黄筋泥	8322984	5
G01050202	亚棕黄筋	21006992	6
G05010101	石砂土	22671863	10
G05010401	红砂土	19873332	11
G08010101	洪积泥砂	3146039	12
G08010401	泥砂土	3338753	14
G08010600	堆叠土	12134372	17
G10020101	培泥砂田	5844011	20
G10020401	棕粉泥田	201924	23
G10020501	泥砂田	2134637	24
G10020502	焦砾塥泥	899670	25
G10020701	白土田	484447	26
G10020703	青紫头白	424110	27
G10020704	黄白土田	2257484	28
G10030101	洪积泥砂	505202	29
G10030203	黄泥砂田	1803633	31
G10030210	黄粉泥田	10023721	32
G10030211	黄大泥田	2275828	33
G10030706	泥筋田	18511	37
G10030801	黄斑田	1351887	38
G10031001	硬泥田	13000160	40
G10031002	青塥硬泥	1902708	41
G10031101	汀煞白土	3555962	42
G10040501	青紫泥田	28430305	43
G10040503	白心青紫	6458066	44

图 5-6　林城镇土壤分布

5.9 虹星桥镇

5.9.1 基本概况

虹星桥镇位于长兴县中部偏东南，距城区 8km，东连吕山，西接林城，南临和平，北毗画溪，处于湖州、安吉、宜兴、广德四市县交通轴线的中心位置，新 318 国道、长和公路与长湖申航道穿境而过。现镇域面积 71km^2，农作物播种面积 10 009.73hm^2（2018 年），辖 17 个行政村、1 个居民区，户籍人口 38 141 人（2018 年）。全镇 17 个行政村：白水村、毕家村、港口村、河桥村、后羊村、厚全村、里塘村、刘井村、龙从村、罗家村、宋高村、谭家村、午山村、西南村、郑家村、观音村、周村村。1 个居民区：虹星桥。

5.9.2 地形地貌

该镇为典型的江南水乡古镇，地势平坦，为长泗平原的中心点。海拔高度在 3.5～5.5m。地貌主要是圩区平原和水网平原，在虹星桥西北角有少部分的低丘（岗地）。

5.9.3 成土母质

母质类型主要有酸性岩浆岩、石英质砂岩、石灰岩、泥质灰岩等风化物；河新、老冲积物；湖、河相沉积物以及古代湖沼相沉积物。

5.9.4 土壤类型

虹星桥镇土壤类型有红壤、潮土、水稻土 3 个土类，包括 7 个亚类，13 个土属、18 个土种。土壤质地主要有轻黏土、重壤土、轻壤土。红壤主要分布在主要分布镇域西北角午山村丘陵缓坡处，只占土壤总面积的 1.59%；潮土零星分布在乡镇全域中，占土壤总面积的 12.8%；水稻土田均匀分布在全乡镇区域内圩区平原水田区，占土壤总面积的 85.61%；区域内红壤土壤肥力偏差；潮土、水稻土土壤肥力中等或偏上（表 5-9）。

表 5-9　虹星桥镇土壤分类统计

土类	亚类	土属	土种	比例 /%	分布区域
红壤	黄红壤	黄泥土	黄泥砂土	0.22	主要分布镇域西北角午山村丘陵缓坡处
	棕红壤	亚棕黄筋泥	亚棕黄筋泥	1.37	
潮土	灰潮土	培泥砂土	培泥砂土	0.03	在全镇域零星分布
		堆叠土	壤质堆叠土	12.77	
水稻土	淹育水稻土	湖松田	湖松田	0.001	分布在全镇域圩区平原
	渗育水稻土	培泥砂田	培泥砂田	0.01	
		湖成白土田	白土田	6.14	
			青紫头白土田		
			黄白土田		
	潴育水稻土	洪积泥砂田	洪积泥砂田	0.19	
		黄泥砂田	黄粉泥田	0.49	
		黄斑田	黄斑田	20.74	
		硬泥田	硬泥田	3.09	
			青塥硬泥田		
		汀煞白土田	汀煞白土田	15.41	
	脱潜水稻土	青紫泥田	青紫泥田	39.55	
			白心青紫泥田		
			黄心青紫泥田		

5.10 小浦镇

5.10.1 基本概况

小浦镇位于长兴西北部，东邻雉城街道，南与林城镇、画溪街道接壤，西与煤山镇相连，北与龙山街道毗邻。现镇域面积 96km^2，农作物播种面积 2 781.4hm^2（2018 年），辖 11 个行政村、1 个居民区，户籍人口 26 260 人（2018 年）。全镇 11 个行政村：画溪村、五庄村、高地村、中山村、大岕口村、小浦村、方一村、合溪村、方岩村、潘礼南村、光耀村。1 个居民区：小浦。

5.10.2 地形地貌

该镇古时系合溪港边的一个荒滩，为山水冲积而成。地势总趋势是西高东低，海拔高度 6.5 ～ 500m；地貌有低山、低丘岗地、河谷平原和圩区平原。

5.10.3 成土母质

母质类型主要有酸性岩浆岩、石英质砂岩、石灰岩、泥质灰岩等风化物；第四世纪红土；非石灰性紫色砂岩和砂砾岩风化物、火成岩和沉积岩的风化残积体；山区近代冲积、洪积物；河（溪）新冲积物；湖、河相沉积物以及古代湖沼相沉积物。

5.10.4 土壤类型

小浦镇土壤类型有红壤、紫色土、石灰岩土、粗骨土、潮土、水稻土 6 个土类，包括 10 个亚类，18 个土属、23 个土种。土壤质地有轻黏土、重壤土、中壤土和轻壤土。红壤在全镇域低山高丘地区均有分布，占土壤总面积的 51.25%；紫色土、石灰岩土集中集中在镇域东部中山村北部，占土壤总面积的 1.57%；粗骨土集中分布在镇域北、西和中部低山区，占土壤总面积的 20.37%；潮土主要分布在镇域的溪（河）两侧，占土壤总面积的 8.13%；水稻土集中在镇域东南角河谷平原区，占土壤总面积的 18.67%；区域内红壤、紫色土、石灰岩土和粗骨土土壤肥力偏差，潮土和水稻土土壤肥力中等或偏上（表 5-10 和图 5-7）。

表 5-10　小浦镇土壤分类统计

土类	亚类	土属	土种	比例 /%	分布区域
红壤	黄红壤	黄泥土	黄泥砂土	47.31	除镇域东南河谷平原区外全镇域低山高丘地区均有分布
			黄砾泥		
	棕红壤	亚棕黄筋泥	棕黄筋泥	3.94	
			亚棕黄筋泥		
紫色土	酸性紫色土	酸性紫砂土	酸性紫砾土	0.24	集中在镇域东部中山村北部
石灰岩土	棕色石灰土	油黄泥	油黄泥	1.33	
粗骨土	酸性粗骨土	石砂土	石砂土	20.37	集中分布在镇域北、西和中部低山区
潮土	灰潮土	洪积泥砂土	洪积泥砂土	6.35	沿镇域溪（河）两侧
		培泥砂土	培泥砂土	1.64	
		泥砂土	泥砂土	0.11	
		堆叠土	壤质堆叠土	0.03	
水稻土	淹育水稻土	黄油泥田	黄油泥田	0.33	集中镇域东南角河谷平原区
	渗育水稻土	培泥砂田	培泥砂田	5.66	
			砂田		
		泥砂田	泥砂田	0.07	
	潴育水稻土	洪积泥砂田	洪积泥砂田	1.88	
		黄泥砂田	焦砾塥洪积泥砂田	6.40	
			黄泥砂田		
			黄粉泥田		
		黄斑田	黄斑田	0.79	
		硬泥田	硬泥田	0.52	
		汀煞白土田	汀煞白土田	3.02	
	脱潜水稻土	青紫泥田	青紫泥田	0.01	

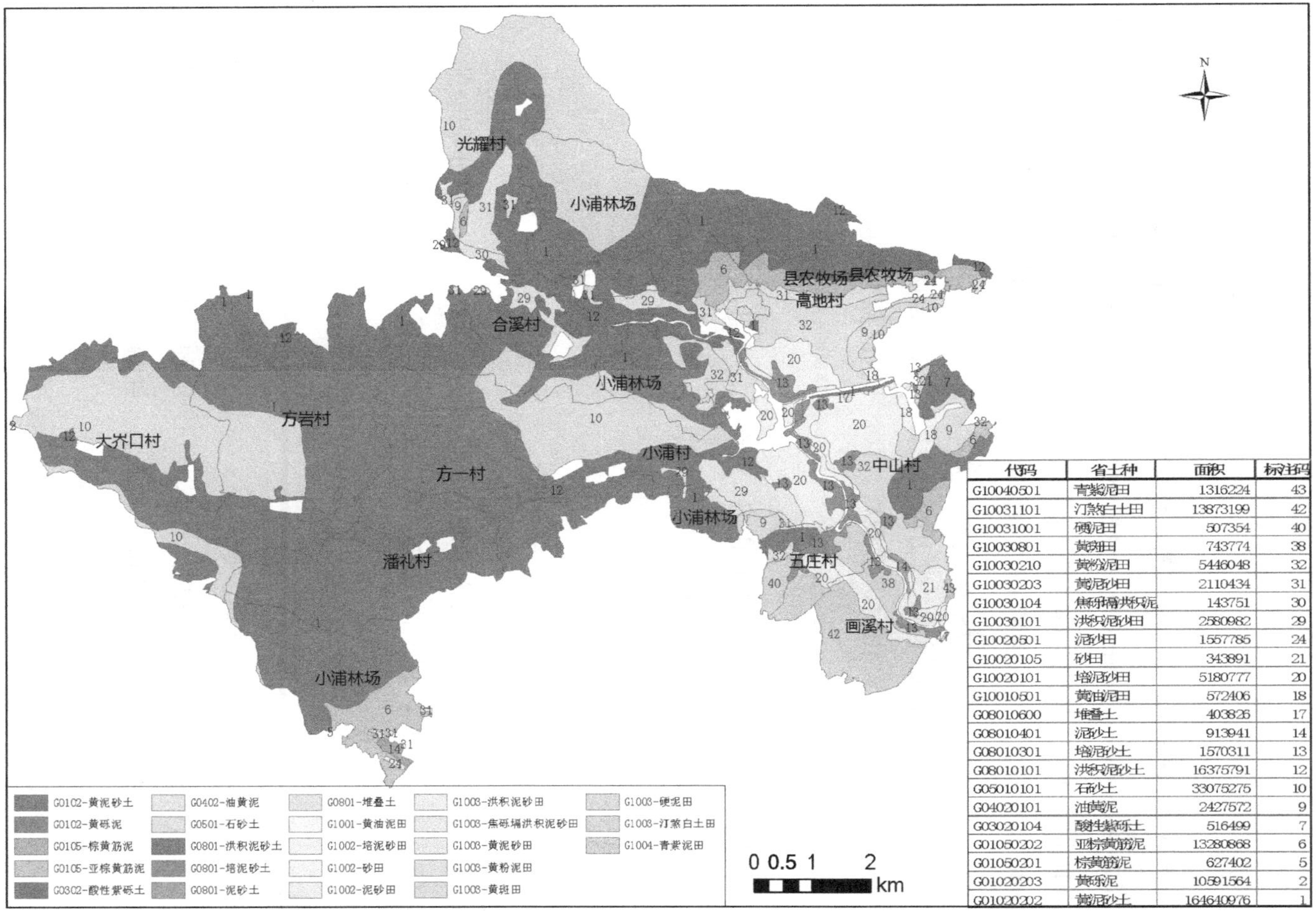

代码	省土种	面积	标注码
G10040501	青紫泥田	1316224	43
G10031101	汀煞白土田	13873199	42
G10031001	硬泥田	507354	40
G10030801	黄斑田	743774	38
G10030210	黄粉泥田	5446048	32
G10030203	黄泥砂田	2110434	31
G10030104	焦砾塥洪积泥	143751	30
G10030101	洪积泥砂田	2580982	29
G10020501	泥砂田	1557785	24
G10020105	砂田	343891	21
G10020101	培泥砂田	5180777	20
G10010501	黄油泥田	572406	18
G08010600	堆叠土	403826	17
G08010401	泥砂土	913941	14
G08010301	培泥砂土	1570311	13
G08010101	洪积泥砂土	16375791	12
G05010101	石砂土	33075275	10
G04020101	油黄泥	2427572	9
G03020104	酸性紫砾土	516499	7
G01050202	亚棕黄筋泥	13280868	6
G01050201	棕黄筋泥	627402	5
G01020203	黄砾泥	10591564	2
G01020202	黄泥砂土	164640976	1

图 5-7　小浦镇土壤分布

5.11 和平镇

5.11.1 基本概况

和平镇位于长兴县的最南部，东与湖州市吴兴区接壤，西与安吉县毗邻，北临西苕溪，南倚天目山脉。全镇区域面积镇域总面积 180.4km^2，农作物播种面积 7 567.73hm^2（2018 年），下辖 23 个行政村，1 个社区，户籍人口 53 988 人（2018 年）。全镇 23 个行政村：霅溪村、长城村、东山村、城山村、吴村村、长岗村、新港村、和平村、毛家店村、周坞山村、马家边村、回车岭村、狄家圩村、便民桥村、横山村、滩龙桥村、琛碛村、方家庄村、吴山村、长安村、小溪口村、红山村、横涧村。1 个社区：勤劳社区。

5.11.2 地形地貌

该镇北临西苕溪，南倚天目山脉。地势总趋势是南（东南、西南）高北（西北）低，海拔高度 4.5 ～ 500m；地貌有低山、高丘、低丘岗地、河谷平原和圩区平原。

5.11.3 成土母质

母质类型主要有酸性岩浆岩、石英质砂岩、石灰岩、泥质灰岩等风化物；第四世纪红土；非石灰性紫色砂岩和砂砾岩风化物、火成岩和沉积岩的风化残积体；山区近代冲积、洪积物；河（溪）新冲积物；湖、河相沉积物以及古代湖沼相沉积物。

5.11.4 土壤类型

和平镇土壤类型有红壤、紫色土、石灰岩土、粗骨土、潮土、水稻土 6 个土类，包括 10 个亚类，22 个土属、31 个土种。土壤质地主要有轻黏土、重壤土、中壤土、轻壤土、砂壤土和砂土。红壤分布在镇域中、南部低山高丘区域，占土壤总面积的 33.03%；紫色土、石灰岩土集中在镇域红山村一带，占土壤总面积的 2.05%；粗骨土主要分布在镇域西南、东南区域中，占土壤总面积的 19.47%；潮土主要分布在镇域中部的溪（河）两侧，占土壤总面积的 5.78%；水稻土田集中分布在镇域的北部及西北部圩区平原水田区，占土壤总面积的 39.68%；区域内红壤、紫色土、石灰岩土和粗骨土土壤肥力偏差，潮土和水稻土土壤肥力中等或偏上（表 5-11 和图 5-8）。

表 5-11　和平镇土壤分类统计

土类	亚类	土属	土种	比例 /%	分布区域
红壤	黄红壤	黄泥土	黄泥砂土	24.29	分布在镇域中、南部低山、高丘区域
	棕红壤	亚棕黄筋泥	棕黄筋泥	8.74	
			亚棕黄筋泥		
紫色土	酸性紫色土	酸性紫砂土	酸性紫砾土	1.72	集中在镇域红山村一带
石灰岩土	黑色石灰土	黑油泥	黑油泥	0.33	
粗骨土	酸性粗骨土	石砂土	石砂土	17.98	主要分布在镇域西南、东南区域中
		红砂土	红砂土	1.49	
潮土	灰潮土	洪积泥砂土	洪积泥砂土	1.00	主要分布在镇域中部的溪（河）两侧
		培泥砂土	培泥砂土	0.96	
		泥砂土	泥砂土	2.56	
			砾塥泥砂土		
		堆叠土	壤质堆叠土	1.26	
水稻土	淹育水稻土	黄油泥田	黄油泥田	0.11	集中分布在镇域的北部及西北部
	渗育水稻土	培泥砂田	培泥砂田	8.09	
			砂田		
		棕黄筋泥田	棕黄筋泥田	0.34	
		棕粉泥田	棕粉泥田	0.23	
		泥砂田	泥砂田	1.87	
			焦砾塥泥砂田		
		湖成白土田	白土田	2.48	
			黄白土田		
	潴育水稻土	洪积泥砂田	洪积泥砂田	1.29	
		黄泥砂田	黄泥砂田	6.61	
			黄粉泥田		
		黄斑田	黄斑田	8.35	
			青塥黄斑田		
		硬泥田	硬泥田	6.01	
			青塥硬泥田		
		汀煞白土田	汀煞白土田	0.14	
	脱潜水稻土	青紫泥田	青紫泥田	4.16	
			白心青紫泥田		

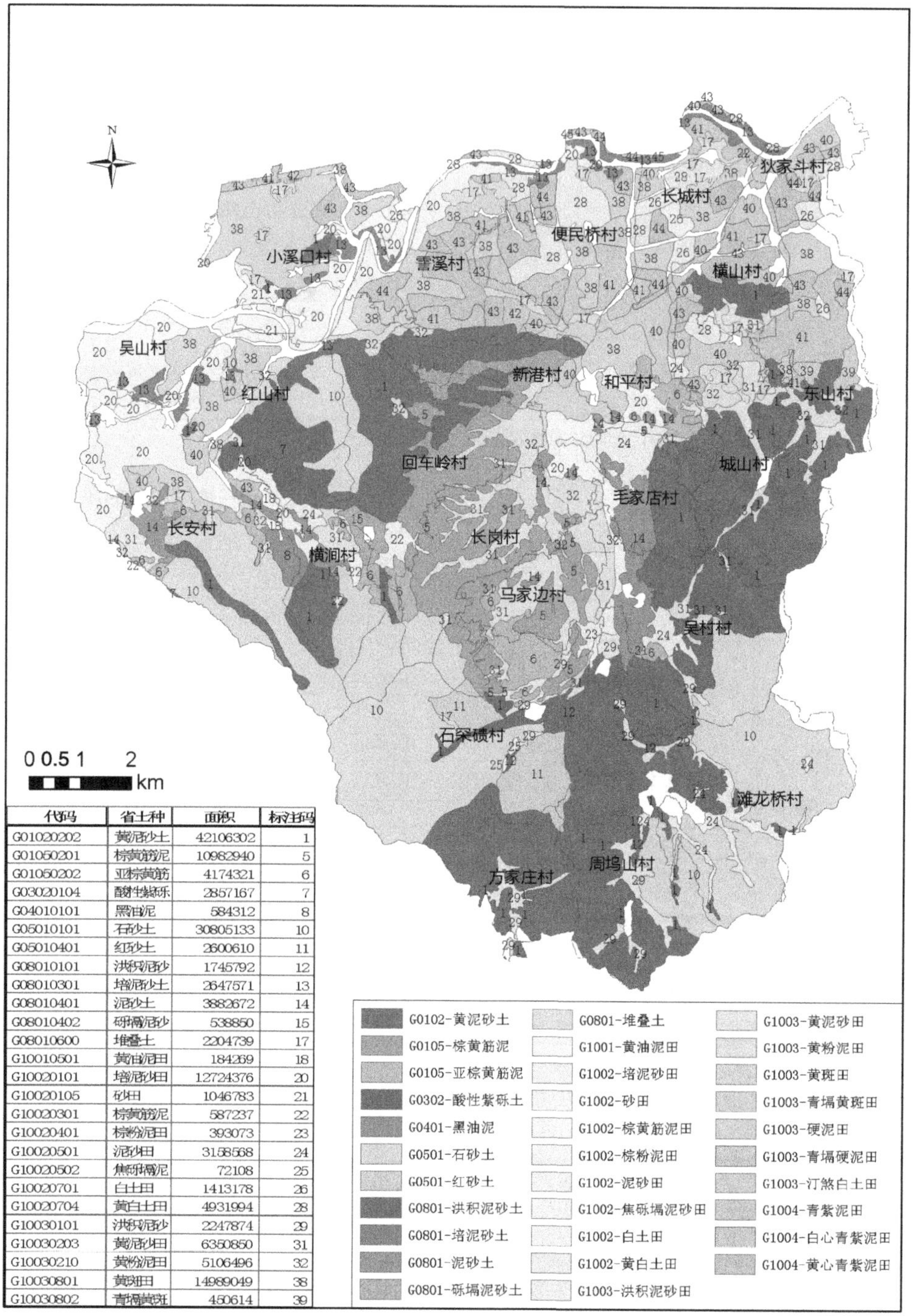

代码	省土种	面积	标注码
G01020202	黄泥砂土	42106302	1
G01050201	棕黄筋泥	10982940	5
G01050202	亚棕黄筋	4174321	6
G03020104	酸性紫砾	2857167	7
G04010101	黑油泥	584312	8
G05010101	石砂土	30805133	10
G05010401	红砂土	2600610	11
G08010101	洪积泥砂	1745792	12
G08010301	培泥砂土	2647571	13
G08010401	泥砂土	3882672	14
G08010402	砾塥泥砂	538850	15
G08010600	堆叠土	2204739	17
G10010501	黄油泥田	184269	18
G10020101	培泥砂田	12724376	20
G10020105	砂田	1046783	21
G10020301	棕黄筋泥	587237	22
G10020401	棕粉泥田	393073	23
G10020501	泥砂田	3158568	24
G10020502	焦砾塥泥	72108	25
G10020701	白土田	1413178	26
G10020704	黄白土田	4931994	28
G10030101	洪积泥砂	2247874	29
G10030203	黄泥砂田	6350850	31
G10030210	黄粉泥田	5106496	32
G10030801	黄斑田	14989049	38
G10030802	青塥黄斑	450614	39

图 5-8　和平镇土壤分布

5.12 泗安镇

5.12.1 基本概况

泗安镇地处长兴县西南部，东接林城镇，南临安吉县梅溪镇、天子湖镇，西近广德县桃州镇，北靠煤山镇，距长兴县城 30km。面积 257km^2，农作物播种面积 18 186hm^2(2018 年)，辖 27 个行政村，1 个社区，户籍人口 69 217 人(2018 年)。全镇 27 个行政村：长潮岕村、莲花村、长岗岭村、管埭村、黄巢圩村、双联村、禧祉村、仙山村、新丰村、兴隆村、杨湾村、师姑岗村、三里亭村、上泗安村、五里渡村、钱庄村、凤凰村、庆丰村、玉泉村、赵村村、东村村、毛家村、云峰村、太平村、罗家地村、二界岭村、初康村。1 个社区：柴湾社区。

5.12.2 地形地貌

该镇拥有泗安塘、长潮涧、仙山湿地等重要涧溪湿地；地势总趋势是西北高东南低，海拔高度 4.5 ～ 500m；地貌有低山、高丘、低丘岗地、河谷平原和圩区平原。

5.12.3 成土母质

母质类型主要有酸性岩浆岩、石英质砂岩、凝灰岩等风化物；第四世纪红土；非石灰性紫色砂岩和砂砾岩风化物、火成岩和沉积岩的风化残积体；山区近代冲积、洪积物；河（溪）新冲积物；湖、河相沉积物以及古代湖沼相沉积物。

5.12.4 土壤类型

泗安镇土壤类型有红壤、紫色土、粗骨土、潮土、水稻土 5 个土类，包括 10 个亚类，20 个土属、29 个土种。土壤质地有轻黏土、重壤土、中壤土、轻壤土、砂壤土和砂土。红壤分布在镇域中、南北部高丘区域，占土壤总面积的 45.81%；紫色土主要分布在镇域的西南部分地区，占土壤总面积的 5.45%；粗骨土主要分布主要分布在镇域的东南低山地区，占土壤总面积的 9.46%；潮土主要沿着镇域溪（河）两侧分布，占土壤总面积的 4.34%；水稻土集中分布在镇域的东南斗区平原以及镇域内河谷平原区，占土壤总面积的34.93%；区域内红壤、紫色土、粗骨土土壤肥力偏下；潮土、水稻土土壤肥力中等（表5-12和图5-9）。

表5-12　泗安镇土壤分类统计

土类	亚类	土属	土种	比例/%	分布区域
红壤	黄红壤	黄泥土	黄泥砂土	28.83	主要分布在镇域的北部地区
			黄砾泥		
	红壤性土	红粉泥土	红粉泥土	0.78	主要分布在镇域的中北部地区
			紫粉泥土		
	棕红壤	亚棕黄筋泥	棕黄筋泥	16.20	
			亚棕黄筋泥		
紫色土	酸性紫色土	酸性紫砂土	酸性紫砾土	5.45	主要分布在镇域的西南部分地区
粗骨土	酸性粗骨土	石砂土	石砂土	2.75	主要分布在镇域的东南低山地区
		红砂土	红砂土	6.71	
潮土	灰潮土	洪积泥砂土	洪积泥砂土	1.26	主要沿着镇域溪（河）两侧分布
		泥砂土	泥砂土	1.56	
			砾塥泥砂土	0.27	
		堆叠土	壤质堆叠土	1.26	
水稻土	渗育水稻土	培泥砂田	培泥砂田	1.10	主要分布在镇域的东南斗平原以及镇区域内河谷平原区
		泥砂田	泥砂田	3.72	
		湖成白土田	黄白土田	0.09	
	潴育水稻土	洪积泥砂田	洪积泥砂田	0.24	
		黄泥砂田	黄泥砂田	21.62	
			黄粉泥田		
			黄大泥田		
		红紫泥砂田	红紫泥砂田	0.03	
		泥质田	泥质田	2.19	
			白塥泥质田		
			泥筋田		
		黄斑田	黄斑田	0.97	
		硬泥田	硬泥田	4.04	
			青塥硬泥田		
	脱潜水稻土	青紫泥田	青紫泥田	0.90	
	潜育水稻土	烂青紫泥田	烂青紫泥田	0.03	

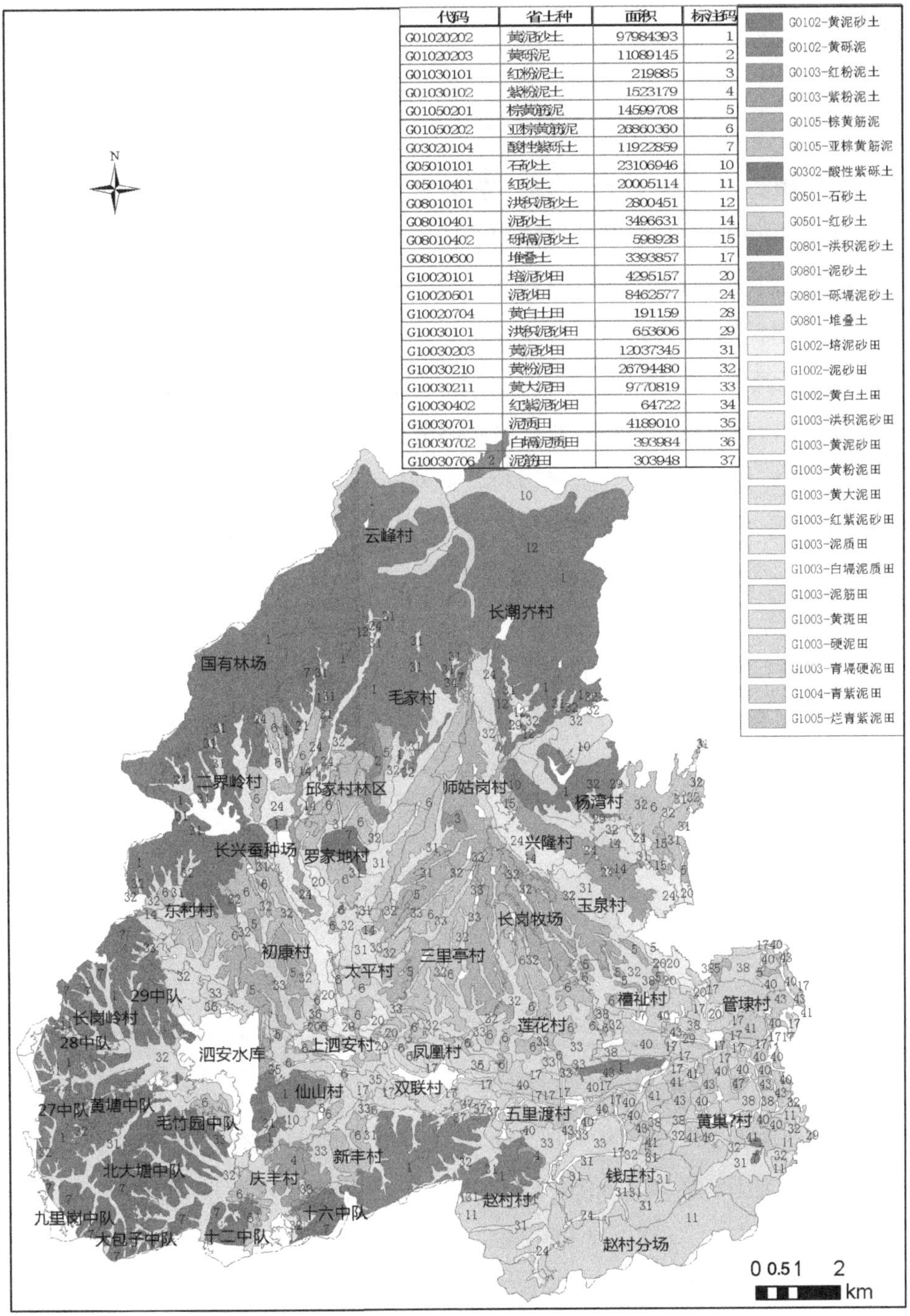

代码	省土种	面积	标注码
G01020202	黄泥砂土	97984393	1
G01020203	黄砾泥	11089145	2
G01030101	红粉泥土	219885	3
G01030102	紫粉泥土	1523179	4
G01050201	棕黄筋泥	14599708	5
G01050202	亚棕黄筋泥	26860360	6
G03020104	酸性紫砾土	11922859	7
G05010101	石砂土	23106946	10
G05010401	红砂土	20005114	11
G08010101	洪积泥砂土	2800451	12
G08010401	泥砂土	3496631	14
G08010402	砾塥泥砂土	598928	15
G08010600	堆叠土	3393857	17
G10020101	培泥砂田	4295157	20
G10020501	泥砂田	8462577	24
G10020704	黄白土田	191159	28
G10030101	洪积泥砂田	653606	29
G10030203	黄泥砂田	12037345	31
G10030210	黄粉泥田	26794480	32
G10030211	黄大泥田	9770819	33
G10030402	红紫泥砂田	64722	34
G10030701	泥质田	4189010	35
G10030702	白塥泥质田	393984	36
G10030706	泥筋田	303948	37

图 5-9　泗安镇土壤分布

5.13 煤山镇

5.13.1 基本概况

煤山镇地处长兴县西北部，东接水口乡，南临泗安镇、小浦镇，西近安徽省广德县，北靠江苏省宜兴市，距长兴县城27km。全镇区域面积214.3km^2，农作物播种面积2 827.8hm^2（2018年），下辖24个行政村、3个社区、2个居民区，户籍人口46 985人（2018年）。全镇24个行政村：西川村、新安村、新源村、尚儒村、东川村、新民村、五通村、新川村、煤山村、白岘村、和旂口村、三洲山村、罗旂村、访贤村、五通山村、祠山村、礼贤旂村、六都村、仰峰村、十月村、抛渎岗村、东风村、平丰村、新槐树。2个居民区：槐坎、白岘。3个社区：南街、金钉子、金和嘉园。

5.13.2 地形地貌

该镇属丘陵山区，四面环山，最低处海拔50m，最高为五通山主峰，海拔578m。地貌有低山、高丘、低丘岗地和山间沟谷，其中山区、丘陵占总区域面积的88%；耕地仅占12%，主要分布在山间沟谷。

5.13.3 成土母质

母质类型主要有酸性岩浆岩、石英质砂岩、石灰岩、泥质灰岩等风化物、第四世纪红土以及溪流冲积物。

5.13.4 土壤类型

煤山镇土壤类型有红壤、石灰岩土、粗骨土、潮土、水稻土5个土类，包括9个亚类，12个土属、15个土种。土壤质地主要有轻黏土、重壤土、中壤土、轻壤土、砂壤土和砂土。红壤主要分布在丘陵缓坡和低岗，占土壤总面积的55.27%；石灰岩土和粗骨土主要分布在高丘低山，分别占土壤总面积的7.61%和18.75%；潮土主要由西北向东南沿溪流方向分布，地处镇域中部地旱地部分。占土壤总面积的7.7%；水稻土由西北向东南方向沿溪流方向分布，地处镇域中部地水田部分，占土壤总面积的 10.74%；主要在是山冲田和山坡梯田，以坡积为主；区域内土壤肥力较差（表 5-13 和图 5-10）。

表 5-13　煤山镇土壤分类统计

土类	亚类	土属	土种	比例 /%	分布区域
红壤	黄红壤	黄泥土	黄泥砂土	48.86	除镇域东北部、西北部和中部外全镇大部分区域均有分布
			黄砾泥		
	棕红壤	亚棕黄筋泥	亚棕黄筋泥	6.41	重点分布在镇域中部
石灰岩土	黑色石灰土	黑油泥	黑油泥	0.39	重点分布在镇域中部
	棕色石灰土	油黄泥	油黄泥	7.22	
粗骨土	酸性粗骨土	石砂土	石砂土	18.75	重点分布在镇域东北部、西北部
潮土	灰潮土	洪积泥砂土	洪积泥砂土	7.70	由西北向东南方向沿溪流方向分布，地处镇域中部地旱地部分
水稻土	淹育水稻土	黄油泥田	黄油泥田	1.11	由西北向东南方向沿溪流方向分布，地处镇域中部地水田部分
	渗育水稻土	棕粉泥田	棕粉泥田	0.06	
		泥砂田	泥砂田	0.60	
	潴育水稻土	洪积泥砂田	洪积泥砂田	3.95	
			焦砾塥洪积泥砂田		
		黄泥砂田	黄泥砂田	4.95	
			黄粉泥田		
		硬泥田	硬泥田	0.01	

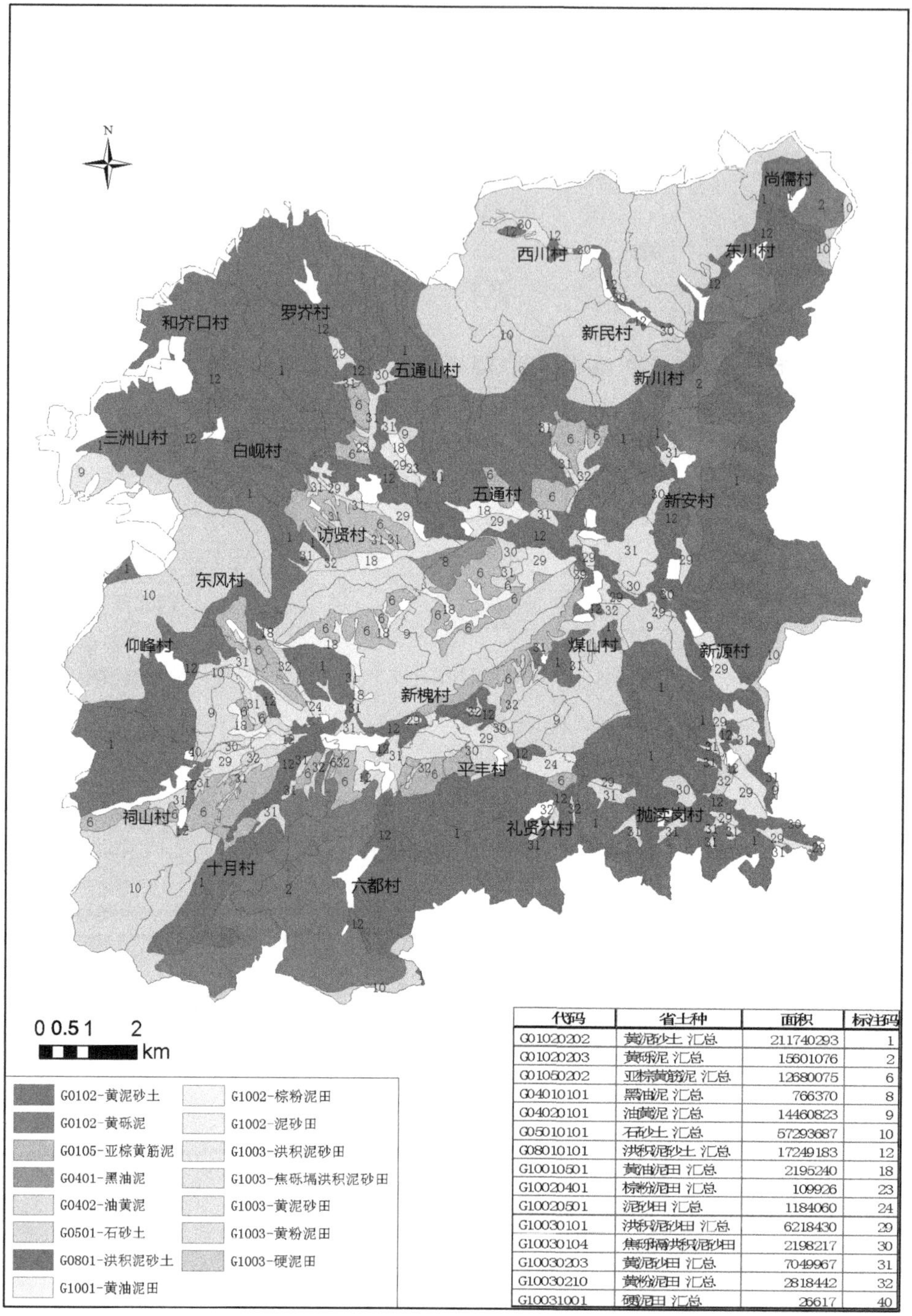

代码	省土种	面积	标注码
G01020202	黄泥砂土 汇总	211740293	1
G01020203	黄砾泥 汇总	15601076	2
G01050202	亚棕黄筋泥 汇总	12680075	6
G04010101	黑油泥 汇总	766370	8
G04020101	油黄泥 汇总	14460823	9
G05010101	石砂土 汇总	57293687	10
G08010101	洪积泥砂土 汇总	17249183	12
G10010501	黄油泥田 汇总	2195240	18
G10020401	棕粉泥田 汇总	109926	23
G10020501	泥砂田 汇总	1184060	24
G10030101	洪积泥砂田 汇总	6218430	29
G10030104	焦砾塥洪积泥砂田	2198217	30
G10030203	黄泥砂田 汇总	7049967	31
G10030210	黄粉泥田 汇总	2818442	32
G10031001	硬泥田 汇总	26617	40

图 5-10　煤山镇土壤分布

5.14　水口乡

5.14.1　基本概况

水口乡位于长兴县西北部，距县城 14km，北与江苏、宜兴毗邻，西与本县煤山镇峰峦相连，东南与龙山街道渚山村接壤，东与夹浦隔无胥河相望。乡域面积 80km^2，农作物播种面积 1 929hm^2（2018 年），下辖 8 个行政村和 1 个居委会，户籍人口 19 273 人（2018 年）。全镇 8 个行政村：徽州庄村、江排村、金山村、龙山村、顾渚村、水口村、后坟村、徐旺村。1 个居委会：水口。

5.14.2　地形地貌

该乡因为“顾渚山之水从此出东入太湖”而得名，三面环山，东临太湖；地势总趋势是北高南低，海拔高度 6.5 ～ 200m；地貌主要有高丘和河谷平原等。

5.14.3　成土母质

母质类型主要有酸性岩浆岩、石英质砂岩、石灰岩、泥质灰岩等风化物；山区近代冲积、洪积物；第四世纪红土；湖、河相沉积物以及古代湖沼相沉积物。

5.14.4　土壤类型

水口乡土壤类型有红壤、粗骨土、潮土、水稻土 4 个土类，包括 7 个亚类，12 个土属、16 个土种。土壤质地有轻黏土、重壤土、中壤土、轻壤土、砂壤土和砂土。红壤主要分布在该乡镇区域低山、丘陵缓坡及低岗区，占土壤总面积的 70.6%；粗骨土主要分布高丘低山，只占土壤总面积的 0.02%；潮土地处镇域溪流两侧旱地部分，占土壤总面积的 11.31%；水稻土田集中分布在该乡镇区域中、东部河谷平原水田区，占土壤总面积的 18.07%；该区域内红壤、粗骨土土壤肥力偏差；潮土、水稻土土壤肥力中等（表 5-14 和图 5-11）。

表 5-14　水口乡土壤分类统计

土类	亚类	土属	土种	比例 /%	分布区域
红壤	黄红壤	黄泥土	黄泥砂土	63.25	集中分布在该乡镇区域西北部低山和丘陵地区
	棕红壤	亚棕黄筋泥	棕黄筋泥	7.32	集中分布在该乡镇区域中西部丘陵缓坡和低岗地区
			亚棕黄筋泥		
粗骨土	酸性粗骨土	石砂土	石砂土	0.02	分布在该乡镇区域西北部低山
潮土	灰潮土	洪积泥砂土	洪积泥砂土	4.92	主要分布溪流两侧旱地部分
		泥砂土	泥砂土	5.97	
			砾塥泥砂土		
		堆叠土	壤质堆叠土	0.42	
水稻土	渗育水稻土	泥砂田	泥砂田	0.43	主要分布溪流两侧水田部分
	潴育水稻土	黄泥砂田	黄泥砂田	6.19	集中分布在该乡镇区域中东部河谷平原水田区
			黄粉泥田		
		黄斑田	黄斑田	3.23	
		硬泥田	硬泥田	3.17	集中分布在该乡镇区域东南部河谷平原水田区
			青塥硬泥田		
		汀煞白土田	汀煞白土田	4.07	
	脱潜水稻土	青紫泥田	青紫泥田	1.01	

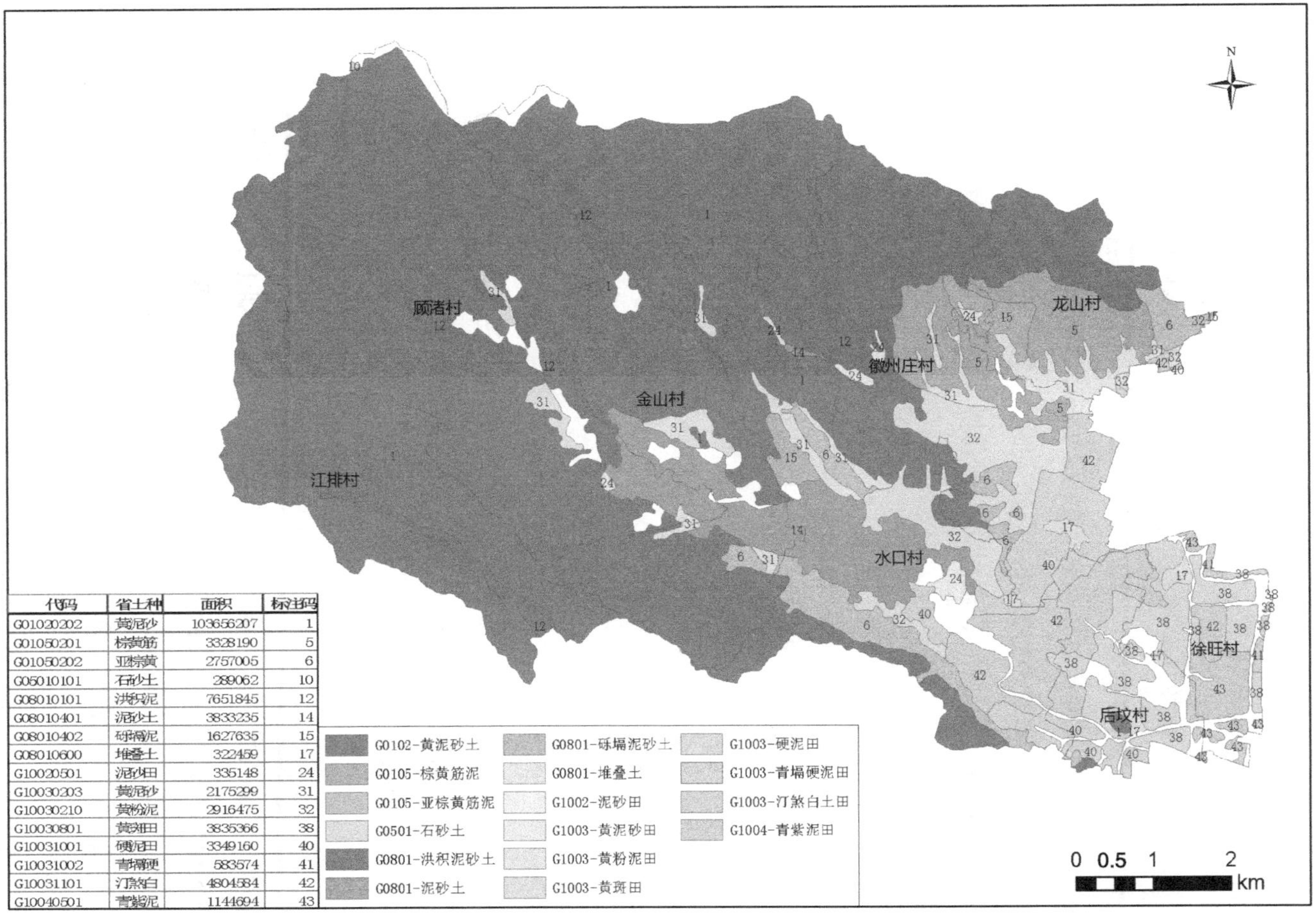

代码	省土种	面积	标注码
G01020202	黄泥砂	103656207	1
G01050201	棕黄筋	3328190	5
G01050202	亚棕黄	2757005	6
G05010101	石砂土	289062	10
G08010101	洪积泥	7651845	12
G08010401	泥砂土	3833235	14
G08010402	砾塥泥	1627635	15
G08010600	堆叠土	322459	17
G10020501	泥砂田	335148	24
G10030203	黄泥砂	2175299	31
G10030210	黄粉泥	2916475	32
G10030801	黄斑田	3835366	38
G10031001	硬泥田	3349160	40
G10031002	青塥硬	583574	41
G10031101	汀煞白	4804584	42
G10040501	青紫泥	1144694	43

图 5-11　水口乡土壤分布

5.15 吕山乡

5.15.1 基本概况

吕山，位于长兴县东南部，距县城 9km，与湖州市吴兴区接壤，东依 104 国道和杭宁高速公路，318 国道穿境而过，南有西苕溪沿境东去，北有长湖申黄金水道斜贯而过。乡域面积 38.5km^2，农作物播种面积 4 189.07hm^2（2018 年），下辖 9 个行政村，户籍人口 21 578 人（2018 年）。全镇 9 个行政村：吕山村、坍门村、金村村、胥仓桥、杨吴村、龙溪村、南杨村、雁陶村、吕虹村。

5.15.2 地形地貌

该乡除北部丘陵吕蒙山外，其余均为平原，水系发达，南有西苕溪沿境东去，北有长湖申航道斜贯而过，中有泗安港、胥仓港十字纵横，将全乡自然构成棋盘状。海拔高度除北部丘陵吕蒙山外，其他均在 3.5 ～ 4.5m；地貌主要为水网平原。

5.15.3 成土母质

母质类型主要有酸性岩浆岩、石英质砂岩、石灰岩、泥质灰岩等风化物；火成岩和沉积岩的风化残积体；河（溪）新冲积物；湖、河相沉积物以及古代湖沼相沉积物。

5.15.4 土壤类型

吕山乡土壤类型有红壤、石灰岩土、粗骨土、潮土、水稻土 5 个土类，包括 8 个亚类，12 个土属、17 个土种。土壤质地主要有轻黏土、重壤土和中壤土。红壤、石灰岩土、粗骨土主要分布在该乡镇区域东南角低山、丘陵缓坡及低岗区，分别占土壤总面积的 4.32%、0.48% 和 1.37%；潮土零星分布在乡镇全域中，占土壤总面积的 10.35%；水稻土田集中分布在全乡镇区域内水网平原水田区，占土壤总面积的 83.48%；区域内红壤、石灰岩土、粗骨土土壤肥力偏差；潮土、水稻土土壤肥力中等偏上（表 5-15 和图 5-12）。

表 5-15　吕山乡土壤分类统计

<table>
<tr><th>土类</th><th>亚类</th><th>土属</th><th>土种</th><th>比例 /%</th><th>分布区域</th></tr>
<tr><td rowspan="3">红壤</td><td rowspan="2">黄红壤</td><td rowspan="2">黄泥土</td><td>黄泥砂土</td><td rowspan="2">3.33</td><td rowspan="5">主要分布在乡镇东南角低山区</td></tr>
<tr><td>黄砾泥</td></tr>
<tr><td>棕红壤</td><td>亚棕黄筋泥</td><td>亚棕黄筋泥</td><td>0.99</td></tr>
<tr><td>石灰岩土</td><td>棕色石灰土</td><td>油黄泥</td><td>油黄泥</td><td>0.48</td></tr>
<tr><td>粗骨土</td><td>酸性粗骨土</td><td>石砂土</td><td>石砂土</td><td>1.37</td></tr>
<tr><td rowspan="2">潮土</td><td rowspan="2">灰潮土</td><td>培泥砂土</td><td>培泥砂土</td><td>3.09</td><td rowspan="2">零星分布在乡镇全域中</td></tr>
<tr><td>堆叠土</td><td>壤质堆叠土</td><td>7.26</td></tr>
<tr><td rowspan="10">水稻土</td><td rowspan="2">渗育水稻土</td><td rowspan="2">湖成白土田</td><td>白土田</td><td rowspan="2">12.81</td><td rowspan="10">零星分布在乡镇全域中水网平原</td></tr>
<tr><td>黄白土田</td></tr>
<tr><td rowspan="5">潴育水稻土</td><td>黄泥砂田</td><td>黄泥砂田</td><td>0.32</td></tr>
<tr><td>黄斑田</td><td>黄斑田</td><td>4.52</td></tr>
<tr><td rowspan="2">硬泥田</td><td>硬泥田</td><td rowspan="2">0.44</td></tr>
<tr><td>青塥硬泥田</td></tr>
<tr><td>汀煞白土田</td><td>汀煞白土田</td><td>7.95</td></tr>
<tr><td rowspan="3">脱潜水稻土</td><td rowspan="3">青紫泥田</td><td>青紫泥田</td><td rowspan="3">57.44</td></tr>
<tr><td>白心青紫泥田</td></tr>
<tr><td>黄心青紫泥田</td></tr>
</table>

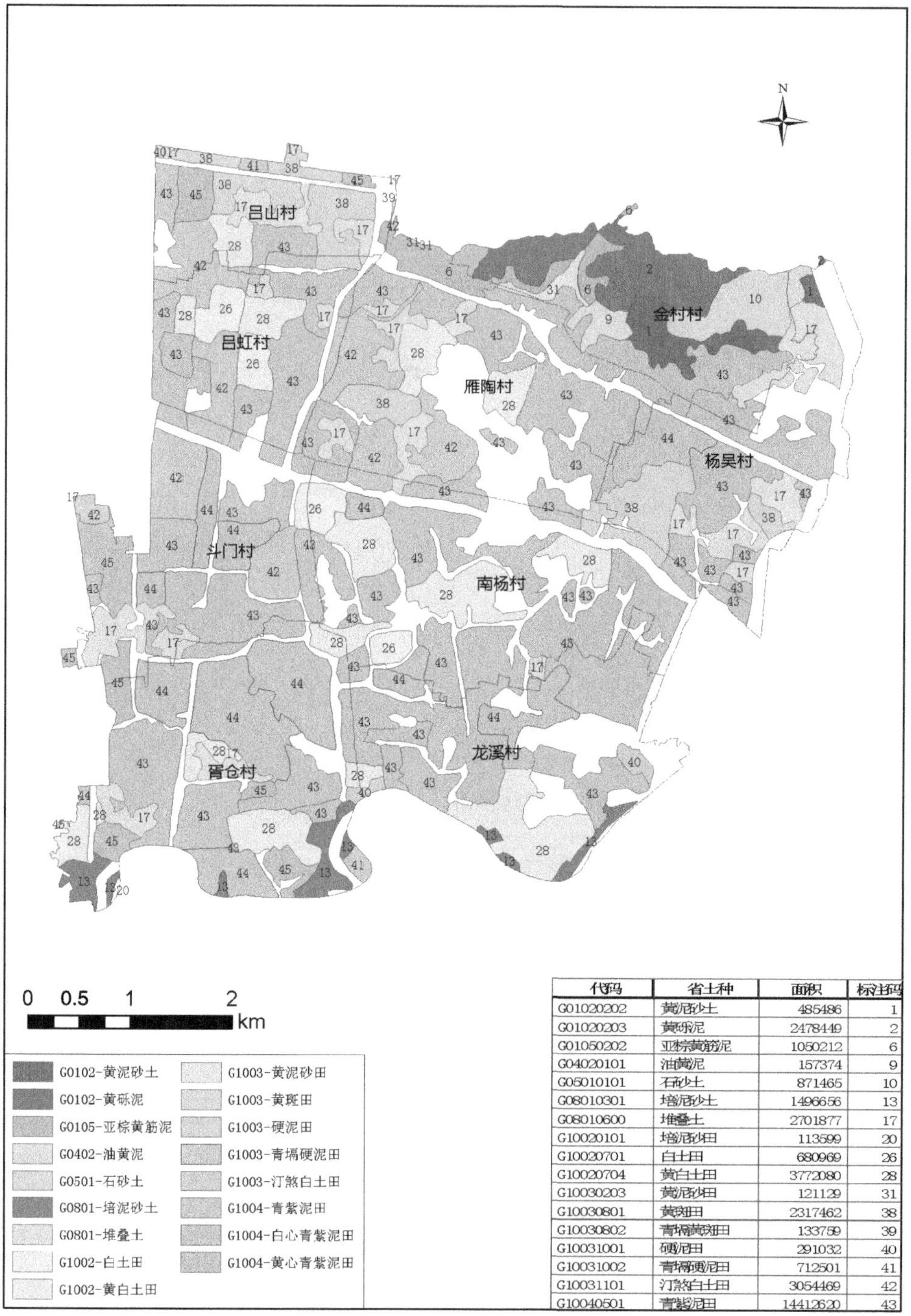

代码	省土种	面积	标注码
G01020202	黄泥砂土	485486	1
G01020203	黄砾泥	2478449	2
G01050202	亚棕黄筋泥	1050212	6
G04020101	油黄泥	157374	9
G05010101	石砂土	871465	10
G08010301	培泥砂土	1496656	13
G08010600	堆叠土	2701877	17
G10020101	培泥砂田	113599	20
G10020701	白土田	680969	26
G10020704	黄白土田	3772080	28
G10030203	黄泥砂田	121129	31
G10030801	黄斑田	2317462	38
G10030802	青塥黄斑田	133759	39
G10031001	硬泥田	291032	40
G10031002	青塥硬泥田	712501	41
G10031101	汀煞白土田	3054469	42
G10040501	青紫泥田	14412620	43

图 5-12　吕山乡土壤分布

第 6 章　专题报告

6.1　典型土种养分及理化性状演变

为掌握长兴县耕地肥力演变特征，保护耕地，提升耕地质量，选取黄泥砂土、堆叠土、洪积泥砂土、亚棕黄筋泥、青紫泥田、黄斑田、黄粉泥田、培泥砂田共 8 个土种，基于 1984 年、2003 年和 2017 年三期的耕地土壤养分检测，对县域内典型土种进行了养分及理化性状演变分析，并提出了相应的管理对策。

6.1.1　黄泥砂土

其养分状况及理化性状详见表 6-1。

6.1.1.1　土壤养分演变

有机质　土壤有机质平均值 1984 年为 20.03g/kg，2003 年为 31.2g/kg，2017 年为 29.16g/kg；土壤有机质含量以 2003 年为最高，分别较 1984 年和 2017 年高出 35.85% 和 6.54%。

全氮　土壤全氮平均值 1984 年为 1.07g/kg，2003 年为 1.84g/kg，2017 年为 1.73g/kg；土壤全氮含量 2003 年为最高，分别较 1984 年和 2017 年高出 41.85% 和 5.98%。

有效磷　土壤有效磷平均值 1984 年为 5.9mg/kg，2003 年为 15.3mg/kg，2017 年为 27.9mg/kg；土壤有效磷含量 2017 年为最高，分别较 1984 年和 2003 年高出 78.85% 和 45.16%。

速效钾　土壤有效钾平均值 1984 年为 77.61mg/kg，2003 年为 66.69mg/kg，2017 年为 101.60mg/kg；土壤有效钾 2017 年为最高，分别较 1984 年和 2003 年高出 23.61% 和 34.36%。

6.1.1.2　土壤理化性状演变

pH 值　土壤 pH 值 1984 年平均为 5.8，属弱酸性；2003 年平均为 5.5，

属弱酸性；2017 年平均为 5.3，属酸性；土壤酸化现象逐渐明显。

容重 土壤容重 2003 年平均为 1.18g/cm^3；2017 年平均为 1.31g/cm^3。

6.1.1.3 变化原因及管理建议

该土种所处的地貌类型为丘陵低山区。20 世纪 80—90 年代以种植旱粮为主，施肥以农家肥、氮肥为主，且氮肥用量逐年增加；21 世纪以来主要种植苗木，肥料以复合肥为主。土壤磷含量因 20 世纪 80 年代开始磷肥推广力度加大而增加明显；钾肥施用是 20 世纪 90 年代中后期开始的，所以土壤钾含量出现先降后升。另外，21 世纪以来随着工业化和城镇化加快，酸雨现象时有发生，从而引起以天然降水灌溉为主的土壤酸化现象逐趋严重。在生产管理上，在苗木移栽时尽量减少表层土迁移；同时，需进一步加大有机肥的投入，因地制宜发展林下经济，套种绿肥等，防止水土流失，提高土壤肥力。

表 6-1 黄泥砂土养分状况及理化性状

年份	有机质 /（g/kg）	全氮 /（g/kg）	有效磷 /（mg/kg）	速效钾 /（mg/kg）	pH 值	容重 /（g/cm^3）
1984	20.03	1.07	5.90	77.61	5.8	—
2003	31.20	1.84	15.30	66.69	5.5	1.18
2017	29.16	1.73	27.90	101.60	5.3	1.31

6.1.2 壤质堆叠土

其养分状况及理化性状详见表 6-2。

6.1.2.1 土壤养分演变

有机质 土壤有机质平均值 1984 年为 17.48g/kg，2003 年为 30.90g/kg，2017 年为 33.75g/kg；土壤有机质含量以 2017 年为最高，分别较 1984 年和 2003 年高出 52.43% 和 8.44%；1984—2003 年年均递增 0.706g/kg，2003—2017 年年均递增 0.204g/kg。

全氮 土壤全氮平均值 1984 年为 1.12g/kg，2003 年为 1.87g/kg，2017 年为 2.05g/kg；土壤全氮含量 2017 年为最高，分别较 1984 年和 2003 年高出 47.90% 和 8.78%。

有效磷 土壤有效磷平均值 1984 年为 5.54mg/kg，2003 年为 3.78mg/kg，

2017 年为 3.99mg/kg；土壤有效磷含量 1984 年为最高，分别较 2003 年和 2017 年高出 31.77% 和 27.98%。该土种土壤有效磷含量 21 世纪以来呈稳定略增状况。

速效钾　平均值 1984 年为 135.00mg/kg，2003 年为 70.40mg/kg，2017 年为 116.25mg/kg；1984 年为最高，分别较 2003 年和 2017 年高出 47.85% 和 13.89%。土壤速效钾含量 21 世纪以来呈逐渐增加趋势。

6.1.2.2　土壤理化性状演变

pH 值　1984 年平均为 6.2，属土壤弱酸性；2003 年平均为 5.5，属土壤弱酸性；2017 年平均为 5.4，属土壤酸性；土壤酸化现象逐渐明显。

容重　2003 年平均为 1.11g/cm^3；2017 年平均为 1.28g/cm^3。

6.1.2.3　变化原因及管理建议

该土种所处的地貌类型主要是水网平原，是综合生产能力较高的耕地。20 世纪 80—90 年代主要种植旱粮，肥料以农家肥为主；20 世纪 90 年代后期至 21 世纪初随效益农业发展，改种露地蔬菜等经济作物，肥料以农家肥和氮肥为主；近十多年以大棚蔬菜等为主，肥料以商品有机肥和复合肥为主。所以，土壤有机质和全氮含量 30 多年来一直呈上升态势；与此同时，21 世纪 80—90 年代因种植户过度追求产量和效益，磷、钾肥施用又不足，使得土壤磷、钾含量下降；21 世纪以来，随着施肥水平的不断提高，特别是测土配方施肥技术的推广和应用，氮、磷、钾肥的施用更加科学，土壤磷、钾含量呈上升态势；但工业化和城镇化造成的酸雨现象使土壤酸化现象逐趋严重。在生产管理上，应针对土壤酸化的趋势，多用土壤调理剂调节土壤酸碱度，同时提高科学施肥技术，特别注重磷、钾肥科学施用，推行轮作制度，确保综合生产能力稳步提高。

表 6-2　堆叠土养分状况及理化性状

年份	有机质 /（g/kg）	全氮 /（g/kg）	有效磷 /（mg/kg）	速效钾 /（mg/kg）	pH 值	容重 /（g/cm^3）
1984	17.48	1.12	5.54	135.00	6.2	—
2003	30.90	1.87	3.78	70.40	5.5	0.97
2017	33.75	2.05	3.99	116.25	5.4	1.28

6.1.3 洪积泥砂土

其养分状况及理化性状详见表 6-3。

6.1.3.1 土壤养分演变

有机质 平均值 1984 年为 25.10g/kg，2003 年为 31.85g/kg，2017 年为 33.20g/kg；土壤有机质含量以 2017 年为最高，分别较 1984 年和 2003 年高出 24.67% 和 4.07%。该土种土壤有机质含量 30 多年来一直呈上升趋势。

全氮 平均值 1984 年为 1.39g/kg，2003 年为 1.99g/kg，2017 年为 2.09g/kg；土壤全氮含量 2017 年为最高，分别较 1984 年和 2003 年高出 33.49% 和 4.79%。

有效磷 平均值 1984 年为 48.67mg/kg，2003 年为 34.45mg/kg，2017 年为 21.60mg/kg；土壤有效磷含量 1984 年为最高，分别较 2003 年和 2017 年高出 29.21% 和 55.62%。该土种土壤有效磷含量呈下降状况。

速效钾 平均值 1984 年为 96.00mg/kg，2003 年为 65.70mg/kg，2017 年为 107.00mg/kg；2017 年为最高，分别较 1984 年和 2003 年高出 10.28% 和 38.60%。该土种土壤速效钾含量 21 世纪以来呈逐渐增加趋势，且增幅明显。

6.1.3.2 土壤理化性状演变

pH 值 1984 年平均为 6.2，属土壤弱酸性；2003 年平均为 5.8，属土壤弱酸性；2017 年平均为 4.8，属土壤酸性。

容重 2003 年平均为 0.97g/cm^3；2017 年平均为 1.24g/cm^3。

6.1.3.3 变化原因及管理建议

该土种所处的地貌类型河谷平原，以旱耕地为主，种植经济作物和旱粮作物。20 世纪 80 年代以农家肥、氮肥为主，磷肥开始推广；20 世纪 90 年代中后期钾肥开始推广；21 世纪以来肥料以商品有机肥和复合肥为主；土壤磷、钾含量在 20 世纪 80—90 年代因磷、钾肥施用不足呈下降趋势，21 世纪以来，随着经济作物效益不断提高，农户注重氮、磷、钾肥的合理配施，土壤钾含量呈上升态势，土壤磷含量降低，但更趋合理。另外，工业化和城镇化造成的酸雨现象、化肥用量的增加和天然灌溉，加重了土壤酸化趋势。在生产管理上，应发展效益较好的经济作物，推广种植冬绿肥，施用土壤调理剂调节土壤酸碱度，并减少耕翻和表土裸露，防止水土冲刷，地力下降。

表 6-3　洪积泥砂土养分状况及理化性状

年份	有机质 /（g/kg）	全氮 /（g/kg）	有效磷 /（mg/kg）	速效钾 /（mg/kg）	pH 值	容重 /（g/cm^3）
1984	25.10	1.39	48.67	96.00	6.2	—
2003	31.85	1.99	34.45	65.70	5.8	0.97
2017	33.20	2.09	21.60	107.00	4.6	1.24

6.1.4　亚棕黄筋泥

其养分状况及理化性状详见表 6-4。

6.1.4.1　土壤养分演变

有机质　平均值 1984 年为 15.27g/kg，2003 年为 27.20g/kg，2017 年为 25.48g/kg；土壤有机质含量以 2003 年为最高，分别较 1984 年和 2017 年高出 43.86% 和 6.32%。

全氮　平均值 1984 年为 0.81g/kg，2003 年为 1.72g/kg，2017 年为 1.47g/kg；土壤全氮含量 2003 年为最高，分别较 1984 年和 2017 年高出 52.91% 和 8.45%。

有效磷　平均值 1984 年为 4.77mg/kg，2003 年为 12.75mg/kg，2017 年为 14.81mg/kg；土壤有效磷含量 2017 年为最高，分别较 2003 年和 2017 年高出 67.79% 和 13.91%。

速效钾　平均值 1984 年为 88.17mg/kg，2003 年为 68.61mg/kg，2017 年为 101.67mg/kg；土壤有效钾 2017 年为最高，分别较 1984 年和 2003 年高出 13.28% 和 32.52%。该土种土壤速效钾含量在 20 世纪 80—90 年代呈下降态势，21 世纪以来呈逐渐增加趋势，且增幅明显。

6.1.4.2　土壤理化性状演变

pH 值　1984 年平均为 5.0，属土壤酸性；2003 年平均为 5.5，属土壤弱酸性；2017 年平均为 5.4，属土壤酸性。

容重　2003 年平均为 1.25g/cm^3；2017 年平均为 1.29g/cm^3。

6.1.4.3　变化原因及管理建议

该土种所处的地貌类型低丘区。种植习惯、施肥情况和土壤养分变化同黄泥砂土相似。另外，工业化和城镇化虽造成酸雨现象发生，但由于该土种酸性明显，天然灌溉反而缓冲土壤中酸碱度。在生产管理上，应发展着重做好培肥地力，调节酸碱度，尽量减少苗木搬移时表层土损失，同时防止水土流失，地力下降。

表 6-4　亚棕黄筋泥养分状况及理化性状

年份	有机质 /（g/kg）	全氮 /（g/kg）	有效磷 /（mg/kg）	速效钾 /（mg/kg）	pH 值	容重 /（g/cm^3）
1984	15.27	0.81	4.77	88.17	5.0	—
2003	27.20	1.72	12.75	68.61	5.5	1.25
2017	25.48	1.47	14.81	101.67	5.4	1.29

6.1.5　青紫泥田

其养分状况及理化性状详见表 6-5。

6.1.5.1　土壤养分演变

有机质　平均值 1984 年为 29.50g/kg，2003 年为 32.60g/kg，2017 年为 33.35g/kg；土壤有机质含量以 2017 年为最高，分别较 1984 年和 2003 年高出 11.54% 和 2.24%。

全氮　平均值 1984 年为 1.72g/kg，2003 年为 1.93g/kg，2017 年为 2.05g/kg；土壤全氮含量 2017 年为最高，分别较 1984 年和 2003 年高出 16.09% 和 5.85%。

有效磷　平均值 1984 年为 2.98mg/kg，2003 年为 4.52mg/kg，2017 年为 6.52mg/kg；土壤有效磷含量 2017 年为最高，分别较 1984 年和 2003 年高出 54.29% 和 30.67%。

速效钾　平均值 1984 年为 69.97mg/kg，2003 年为 74.40mg/kg，2017 年为 100.52mg/kg；2017 年为最高，分别较 1984 年和 2003 年高出 30.39% 和 25.98%。土壤速效钾含量呈逐渐增加趋势。

6.1.5.2　土壤理化性状演变

pH 值　1984 年平均为 6.0，属土壤弱酸性；2003 年平均为 5.6，属土壤弱酸性；2017 年平均为 5.8，属土壤弱酸性。

容重　1984 年平均为 0.98g/cm^3，2003 年平均为 0.90g/cm^3；2017 年平均为 1.18g/cm^3。

6.1.5.3　变化原因及管理建议

该土种所处的地貌类型主要是水网平原，是综合生产能力最高的耕地。耕作制度，20 世纪 80—90 年代以一年三熟为主，实行“油—稻—稻”“麦—稻—稻”或“经济作物—稻”的水旱轮作；21 世纪以来以一年二熟为主，实行“油—稻”“麦—稻”或“经济作物—稻”的水旱轮作。施肥方面 20 世纪 80 年代以氮肥、农家肥为主；20 世纪 90 年代以氮、磷、钾单质肥为主；21 世纪以来复合肥加单质氮肥、钾肥为主；科学施肥技术到位率较高；所以，土壤有机质、全氮、磷、钾含量 30 多年来一直呈上升态势；另外，虽然工业化和城镇化造成的酸雨现象，但是由于农田的灌溉设施完善，排灌方便，水旱轮作，减缓了土壤酸化速度。在生产管理上，应全面应用测土配方施肥技术，因地制宜增加有机肥投入，增施土壤调理剂，科学轮作和休耕，防止土壤酸化，维护和提高土壤肥力，切实加强耕地保护力度。

表 6-5　青紫泥田养分状况及理化性状

年份	有机质 /（g/kg）	全氮 /（g/kg）	有效磷 /（mg/kg）	速效钾 /（mg/kg）	pH 值	容重 /（g/cm^3）
1984	29.50	1.72	2.98	69.97	6.0	0.98
2003	32.60	1.93	4.52	74.40	5.6	0.90
2017	33.35	2.05	6.52	100.52	5.8	1.18

6.1.6　黄斑田

其养分状况及理化性状详见表 6-6。

6.1.6.1　土壤养分演变

有机质　平均值 1984 年为 26.80g/kg，2003 年为 33.05g/kg，2017 年为 35.47g/kg；土壤有机质含量以 2017 年为最高，分别较 1984 年和 2003 年高出 24.44% 和 6.82%。

全氮　平均值 1984 年为 1.59g/kg，2003 年为 2.01g/kg，2017 年为 2.08g/kg；土壤全氮含量 2017 年为最高，分别较 1984 年和 2003 年高出

23.56%和3.37%。

有效磷 平均值1984年为2.64mg/kg，2003年为5.91mg/kg，2017年为7.58mg/kg；土壤有效磷含量2017年为最高，分别较1984年和2003年高出65.17%和22.03%。

速效钾 平均值1984年为64.80mg/kg，2003年为70.64mg/kg，2017年为96.54mg/kg；土壤有效钾2017年为最高，分别较1984年和2003年高出32.87%和26.83%。土壤速效钾含量呈逐渐增加趋势。

6.1.6.2 土壤理化性状演变

pH值 1984年平均为6.1，属土壤弱酸性；2003年平均为5.5，属土壤弱酸性；2017年平均为5.2，属土壤酸性。

容重 1984年平均为1.18g/cm^3，2003年平均为0.94g/cm^3；2017年平均为1.18g/cm^3。

6.1.6.3 变化原因及管理建议

该土种所处的地貌类型、综合生产能力、耕作制度和施肥方式与青紫泥田基本一致。所以，土壤有机质、全氮、磷、钾含量三十多年来一直呈上升态势；但由于黄斑田的质地为壤土类，上升速度慢于黏土类的青紫泥田快。在生产管理上应重视有机肥投入，科学施肥；增施土壤调理剂，科学轮作和休耕，防止土壤酸化，维护和提高土壤肥力，切实加强耕地保护力度。

表6-6 黄斑田养分状况及理化性状

年份	有机质/(g/kg)	全氮/(g/kg)	有效磷/(mg/kg)	速效钾/(mg/kg)	pH值	容重/(g/cm^3)
1984	26.80	1.59	2.64	64.80	6.1	1.18
2003	33.05	2.01	5.91	70.64	5.5	0.94
2017	35.47	2.08	7.58	96.54	5.2	1.18

6.1.7 黄粉泥田

其养分状况及理化性状详见表6-7。

6.1.7.1 土壤养分演变

有机质 平均值1984年为23.70g/kg，2003年为28.70g/kg，2017年为

29.64g/kg；土壤有机质含量以 2017 年为最高，分别较 1984 年和 2003 年高出 6.95% 和 3.17%。

全氮　平均值 1984 年为 1.42g/kg，2003 年为 1.77g/kg，2017 年为 1.79g/kg；土壤全氮含量 2017 年为最高，分别较 1984 年和 2003 年高出 20.67% 和 1.11%。

有效磷　平均值 1984 年为 5.67mg/kg，2003 年为 11.32mg/kg，2017 年为 15.06mg/kg；土壤有效磷含量 2017 年为最高，分别较 1984 年和 2003 年高出 62.34% 和 24.83%。

速效钾　平均值 1984 年为 61.84mg/kg，2003 年为 68.98mg/kg，2017 年为 80.52mg/kg；土壤有效钾 2017 年为最高，分别较 1984 年和 2003 年高出 23.20% 和 14.33%。土壤速效钾含量呈逐渐增加趋势。

6.1.7.2　土壤理化性状演变

pH 值　1984 年平均为 5.6，2003 年平均为 5.6，2017 年平均为 5.5，均属土壤弱酸性；

容重　2003 年平均为 1.14g/cm^3；2017 年平均为 1.36g/cm^3。

6.1.7.3　变化原因及管理建议

该土种所处的地貌类型是低丘区。主要种植油菜（小麦）、杂交稻或单季稻为主，产量水平低，水稻产量在 7 500kg/hm^2 左右，油菜在 1 875kg/hm^2 左右。施肥方面，20 世纪 80 年代以氮肥、农家肥为主；20 世纪 90 年代以氮、磷、钾单质肥为主；21 世纪以来复合肥为主；所以，土壤有机质、全氮、磷、钾含量逐渐增加；土壤 pH 呈弱酸性。在生产管理上，重点做好培肥地力，增施钾肥、调节土壤酸度，防止水土和钾肥流失。

表 6-7　黄粉泥田养分状况及理化性状

年份	有机质 /（g/kg）	全氮 /（g/kg）	有效磷 /（mg/kg）	速效钾 /（mg/kg）	pH 值	容重 /（g/cm^3）
1984	23.70	1.42	5.67	61.84	5.6	—
2003	28.70	1.77	11.32	68.98	5.6	1.14
2017	29.64	1.79	15.06	80.52	5.5	1.36

6.1.8 培泥砂田

其养分状况及理化性状详见表 6-8。

6.1.8.1 土壤养分演变

有机质 平均值 1984 年为 25.40g/kg，2003 年为 29.6g/kg，2017 年为 32.70g/kg；土壤有机质含量以 2017 年为最高，分别较 1984 年和 2003 年高出 22.32% 和 9.48%。

全氮 平均值 1984 年为 1.56g/kg，2003 年为 1.83g/kg，2017 年为 2.02g/kg；土壤全氮含量 2017 年为最高，分别较 1984 年和 2003 年高出 22.77% 和 9.41%。

有效磷 平均值 1984 年为 6.57mg/kg，2003 年为 8.93mg/kg，2017 年为 6.09mg/kg；土壤有效磷含量 2003 年为最高，分别较 1984 年和 2017 年高出 26.42% 和 31.80%。

速效钾 平均值 1984 年为 34.68mg/kg，2003 年为 68.50mg/kg，2017 年为 96.20mg/kg；土壤有效钾 2017 年为最高，分别较 1984 年和 2003 年高出 63.95% 和 28.79%。土壤速效钾含量呈逐渐增加趋势。

6.1.8.2 土壤理化性状演变

pH 值 1984 年平均为 5.6，属土壤弱酸性；2003 年平均为 5.5，属土壤弱酸性；2017 年平均为 5.0，属土壤酸性；

容重 2003 年平均为 1.05g/cm^3；2017 年平均为 1.31g/cm^3。

6.1.8.3 变化原因及管理建议

该土种所处的地貌类型是河谷平原。主要种植油菜（小麦）、杂交稻或单季稻为主，产量水平处全县中等水平，水稻产量在 8 250kg/hm^2 左右，油菜在 2 100kg/hm^2 左右。施肥方面，20 世纪 80 年代以氮肥、农家肥为主；20 世纪 90 年代以氮、磷、钾单质肥为主；21 世纪以来复合肥为主，土壤质地为砂壤—中壤；30 多年来土壤有机质、全氮、钾含量逐渐结累，但磷含量略有起伏；土壤 pH 值呈弱酸性至酸性。在生产管理上，重点做好培肥地力，用、养结合，防止土壤肥力衰退。

表 6-8　培泥砂田养分状况及理化性状

年份	有机质 / (g/kg)	全氮 / (g/kg)	有效磷 / (mg/kg)	速效钾 / (mg/kg)	pH 值	容重 / (g/cm^3)
1984	25.40	1.56	6.09	34.68	5.6	—
2003	29.60	1.83	8.93	68.50	5.5	1.05
2017	32.70	2.02	6.57	96.20	5.0	1.31

6.2　沿河主要土种的保肥供肥特性及其科学施肥建议

自 2007 年爆发“太湖蓝藻”事件以来，近年来每年均有不同程度的发生，太湖水环境已引起各级部门的高度重视。“太湖蓝藻”是太湖水体富营养化的直接体现，而造成太湖水体富营养化原因是多方面的，有城镇化、工业化和农业生产中不合理施肥等。长兴地处太湖西南岸，耕地面积为 4.6 万 hm^2 左右，水稻种植面积 2.33 万 hm^2 左右。根据 2008 年长兴化肥使用总量及流失情况调查，全县种植业氮、磷化肥使用量（折纯）为 13 292t，其中纯 N 量为 10 276t；化肥流失量（含地表径流和地下淋溶）中，氮肥占总量的 1.21%，磷肥占总量的 2.96%。本文主要通过分析长兴县内沿河（溪、涧）不同土种类型及保肥性能，提出保护其周围水环境的科学施肥建议。

6.2.1　沿河水系及种植概况

长兴太湖沿岸全长 18km。全县常年降水量为 1 300 mm，年径流量为 7 亿 m^3 左右。县域内主要河（溪、涧）有 7 条，均发源于西部山区，由西向东，分别由干流和溇港流入太湖。具体如下。

（1）常丰涧。发源于长兴夹浦镇的北川岭入太湖。全长 16km，流域面积 $49km^2$。属砂卵石河床，河床纵坡 10%。遇山洪，急流滚滚；稍有干旱，河床断流。该流域上游主要种植林木果茶，且覆盖率高；下游种植粮油作物为主。

（2）金沙涧。发源于水口乡黄龙头山入太湖。全长 21km，流域面积 $98km^2$。上游属砂卵石河床溪流，集雨区属低山和丘陵地区，植被丰富；下游属常年河道，该流域内为水网平原区，以粮油、经济作物为主。

（3）长桥涧。发源于水口乡乌头山入太湖。全长 13km，流域面积 $27.5km^2$。

河床纵坡13%，系季节性溪涧。该流域上游主要种植林木果茶，且覆盖率高；下游种植粮油作物为主。

（4）合溪新港。分流合溪涧之水入太湖；全长14.7km。该流域内为河谷平原区、圩区平原和水网平原区，耕地地力由西至东逐渐提高，以粮油、经济作物为主。

（5）长兴港。自小浦黄泥潭入太湖。全长19km，流域面积311km^2。该流域内主要是圩区平原和水网平原区，土壤肥沃，以粮油、经济作物为主。

（6）西苕溪。源于天目山北麓的安吉县姚村乡狮子山。流经安吉、长兴、吴兴（今湖州市）三县入太湖。长兴县内全长15km。该流域内为圩区平原和水网平原区，土壤肥沃，以粮油、经济作物为主。

（7）泗安塘。发源于安徽省广德县青岘岭入太湖。县域内全长74.6km，干流长51多km，流域面积565.5km^2。横贯长兴县中部，南与西苕溪、北与长兴港以支流相通，是长兴水系中的重要干流。该流域内为河谷平原区、圩区平原和水网平原区，耕地地力由西至东逐渐提高，以苗木、粮油、经济作物为主。

6.2.2 沿河土种分布及保肥特点

根据20世纪80年代全国第二次土壤普查，长兴县内上述七大主要入太湖的河流（垂直于河流两岸500m距离内）主要土种类型及保肥情况如下。

（1）常丰涧。从北川至太湖主要土种类型分别为黄泥砂田→黄斑田→湖松田。上游流域内土壤质地为砂壤至轻壤，土体内含砾较多，保肥性差；下游流域内土壤质地为轻壤至重壤，阳离子代换量大，对氮、磷、钾等养分元素的吸附能力强，养分不易流失，保肥能力强。

（2）金沙涧。从顾渚至太湖的主要土种类型为黄泥砂田→泥砂田→汀煞白土田→黄斑田→汀煞白土田→青紫泥田→黄斑田→湖松田。上游流域内土壤质地为砂壤至轻壤，土体内含砾较多，保肥性差；下游流域内土壤质地为轻壤至轻黏，阳离子代换量大，对氮、磷、钾等养分元素的吸附能力强，养分不易流失，保肥能力强。

（3）长桥涧。从江排至太湖的土种类型主要是黄泥砂田。流域内土壤质地为砂壤至轻壤，土体内含砾较多，土壤有机质含量低，代换量低、表土易冲刷，保肥性差。

（4）合溪新港。从白岘乡东沟西沟至太湖的土种类型为黄泥砂田→泥砂田→汀煞白田→黄斑田→青紫泥田→湖松田。流域内土壤质地为砂壤至轻黏，以重壤或轻黏为主，阳离子代换量大，对氮、磷、钾等养分元素的吸附能力强，养分不易流失，保肥能力强。

（5）长兴港。从小浦黄泥潭至太湖的土种类型为泥砂田→汀煞白土田→黄斑田→青紫泥田。流域内土壤质地为砂壤至轻黏，以重壤为主，阳离子代换量大，对氮、磷、钾等养分元素的吸附能力较强，养分不易流失，保肥能力较强。

（6）泗安塘。从泗安水库至吕山北阳出境至湖州市塘口，沿岸长兴土种类型有：泥砂田→黄大泥田→青紫泥田→汀煞白土田→黄斑田→青紫泥田。流域内土壤为砂壤至轻黏，以轻黏为主，阳离子代换量大，对氮、磷、钾等养分元素的吸附能力强，养分不易流失，保肥能力强。

（7）西苕溪。从小溪口入境经和平长城下殿村入湖州市，沿岸长兴土种类型有：培泥砂田→泥质田→黄斑田→培泥砂田→黄斑田。流域内土壤质地为轻壤至重壤，阳离子代换量大，对氮、磷、钾等养分元素的吸附能力强，养分不易流失，保肥能力强。

6.2.3　科学施肥建议

综合长兴县内沿河（溪、涧）的土种类型、供肥保肥特点和周围种植情况，保护好水环境实行科学施肥应坚持因地制宜，突出重点，精准施策。具体如下。

6.2.3.1　因区施肥

沿河（溪、涧）区域内有水网平原、圩区平原和河谷平原，施肥各应侧重。水网平原施肥突出土壤有机质含量丰富，供肥能力强的特点，以产定氮，适施钾肥，少施磷肥，实现高产稳产，减少化肥面源污染；圩区平原突出化肥利用率高、土壤有机质含量中等的特点，加强有机肥施用和全面强化测土配方施肥技术应用，促进该区域内平衡施肥水平；河谷平原紧扣土壤有机质含量低，保肥性能差的特点，重施有机肥，加强田间管理，采用少量多次施肥法，防止过多施用漏失氮素营养，保护沿河（溪、涧）水环境。

6.2.3.2 因时施肥

根据化肥施入土壤后至作物吸收前必须有个转化过程，因此施肥时应尽可能注意这个转化过程减少养分的损失。以水稻为例，一是考虑水稻施肥的最大效果期，科学搭配氮、磷、钾比例及用量，以最小投入获得最大的经济效益；二是针对低丘垄、梯田等，高低悬殊的农田应严格控制稻田水层后方可施施肥，施肥 2 ～ 3 天后严格防止串流灌溉，以防养分流失；三是对土壤质地黏重的水稻田应在各施肥阶段内提前 2 ～ 3 天施用。

6.2.3.3 因土施肥

土种不同，施肥方法各有不同。青紫泥田因土壤质地黏重，保肥性好，要早施，可适当重施；汀煞白土因其汀浆板结，以水稻为例，施肥应前轻、中重、后补，使其在水稻最大需肥期得到充足供应，也减少化肥流失；黄泥砂土，大多分布低丘山区，水源短缺，表土易冲刷，则应增施有机质，增磷补氮钾，确保作物稳产高效。

总之，长兴县内沿河（溪、涧）土种类型多，种植作物多，种植模式多，须坚持因区施肥、因土施肥、因时施肥的原则，坚持测土配方施肥技术，方可达到农业生产效益最大化，农业化肥损失最小化，从而将水环境的富营养化降至最低，真正保护太湖西南岸良好的水环境。

6.3 汀煞白土田的肥力特性及其改良提升

汀煞白土田是长兴县独有的水稻土类型，面积近 3 333.3hm^2，占耕地面积的 7.2%，主要分布于长兴县地势略高、圩堤围堰错综高筑的中部圩区水网平原区，集中在李家巷、虹星桥、林城、画溪、吕山、水口、夹浦、小浦、龙山等多个乡镇（街道）。汀煞白土田为浙江省典型的低产农田土种之一，自新中国成立以来一直是长兴县土壤改良的重点，通过不同时期土壤改良与利用，其肥力状况已明显改善，耕地地力等级不断提高。21 世纪以来，随着城市化进程的加快、工业的提档升级、效益农业的全面升温，作为独有的长兴地方土种——汀煞白土田如何科学地用、养和保护深受人们的关注，更是长兴耕地地力保护和提升的重点土壤之一。

6.3.1　汀煞白土田肥力特点

汀煞白土田属水稻土类，潴育型水稻土亚类，汀煞白土田土属，母质为河湖相沉积物，其土体构型为 A-Ap-E-W（g）或 A-Ap-W-C 型。该土剖面内出现白土层，该层质地以重壤为主，粗粉砂含量达 60% 左右，黏粒含量只有 15% 左右，耕层有明显汀浆板结性。

汀煞白土田的肥力特性表现为：有机质含量低，缺磷少钾，氮不足，综合生产能力较低。在生产性能上，表现为作物起发慢，发棵差，易出现缺素发僵，后期脱力早衰。经多年的改造利用，其粮食综合生产能力达到目前的 7 500kg/hm^2 以上，地力等级位于一等田二级、二等田的三级和四级，分别占该土种面积的 66.9%、33.1% 和 3.2%（注：地力等级是依据《浙江省耕地地力分等定级技术规程》的标准进行评价和分等定级）。

6.3.2　主要土壤养分状况

6.3.2.1　土壤养分状况比较

不同耕地等级的比较：汀煞白土田地力等级主要属一等田二级和二等田的三级、四级，其中二级田面积比重较大，占全县二级田面积的 12.6%。不同耕地质量等级的汀煞白土田之间的土壤养分有较大的差别，其中二级田的有机质、有效磷、速效钾和阳离子交换量均明显高于三、四级田，属高磷、有机质、速效钾中等范围，但土壤偏酸。三、四级田的有机质、有效磷、速效钾含量属中等偏下，是其地力较低的主要原因，也是今后提升的主要因子（表 6-9）。

表 6-9　汀煞白土田不同等级的养分比较

等级		有机质 /（g/kg）	速效钾 /（mg/kg）	速效磷 /（mg/kg）	pH 值	CEC/（cmol/kg）	容重 /（g/cm^3）	冬季地下水位 /cm	占本级比例 /%
一等	二级	32.31	80.97	21.52	5.65	14.57	1.09	70.00	12.60
二等	三级	29.87	65.39	9.51	5.81	13.61	1.10	59.33	4.10
	四级	29.79	56.89	6.41	5.96	12.73	1.07	50.00	0.70

注：速效磷检测方法用 Bray 法，下同。

不同时期的比较：在 1959 年第一次土壤普查时，汀煞白土田有机质含量低，缺磷少钾，氮不足，其产量只 1 500 ～ 3 000kg/hm^2；1984 年第二次土壤普查时，耕层物理性状——汀、僵、板、水、气、肥、热协调不均的现象有所改善，氮、磷、钾三要素养分含量和产量得到提升，但仍表现为缺磷、少钾、氮中等的局面。第二次普查后，经推广测土配方施肥，大力推广稻秆还田、秸秆还田，兴修水利，开展土地平整、商品粮、油基地建设、吨粮田建设和沃土工程等一系列重大工程项目和措施的实施，土壤质量有了一个明显的提升，土壤耕层养分尤其是磷素含量上升较快，有机质含量也有较大幅度提升，钾素基本保持平衡，土壤综合生产能力得到大幅度提高，大部分汀煞白土田由低产田进入了中、高产田（表 6-10）。

表 6-10 汀煞白土田不同年代的养分比较

年份	有机质 /（g/kg）	全氮 /（g/kg）	有效磷 /（mg/kg）	速效钾 /（mg/kg）	pH 值	综合生产能力 /（kg/hm^2）
1984	26.77	1.57	3.71	54.30	5.5 ～ 6.5	4 500
2002	31.20	1.80	2.62	64.45	5.43	6 000 ～ 6 750
2009	32.00	2.07	15.82	70.15	5.71	6 750 ～ 7 500

6.3.2.2 养分变化的原因分析

种植结构的变化：汀煞白土田分布区域经多年的产业变迁，种植结构有了很大的改变。20 世纪 80 年代前，汀煞白土田的耕作制度多为一年两熟，主要为“油—稻”和“麦—稻”轮作，种植结构单一。20 世纪 80 年代后，汀煞白土田的耕作制度一般为一年两熟，少部分为一年一熟或多年生作物。一年两熟种植作物主要是“油—稻”“麦—稻”和“经济作物—稻”，一年一熟主要是水稻或吊瓜、葡萄、西瓜等经济作物，种植结构开始多样化。21 世纪以来，汀煞白土田上大面积的发展蔬菜、西瓜和葡萄等高效经济作物，与传统种植业相比施肥结构有了很大变化，从而在很大程度上改变了土壤的各种养分水平，特别是磷钾素含量大幅度上升高，从而使汀煞白土田的总体地力全面提升。

施肥结构的变化：从全县施肥结构历史演变来看，20 世纪 50 年代前因为家家户户养殖家畜，肥料全部靠农家肥和稻草还田；20 世纪 50 年代前期至中期，开始施用化学氮肥，但也仅限于化学氮肥，98% 以上仍然为农家有机肥；20 世纪 60 年代，开始注重氮、磷肥施用，采取了“以磷增氮”，全县红花草面积曾达 2.67 万 hm^2 左右，有机肥使用仍占主要地位，达 80%；20

世纪 70 年代后，在施肥上以有机肥为主，化学氮、磷、钾肥料用量大幅增加，有机肥与化肥用量之比为 7 ∶ 3 左右。21 世纪以来，在农业生产施肥方法与肥料种类起了巨大变化，施肥以化肥为主，并从原有单一营养化肥转变为多元高浓度复（混）合肥，有机肥基本上靠商品有机肥、稻草还田和部分家禽畜肥，有机肥与化肥施用比例达到 2 ∶ 8 左右（表 6-11）。

表 6-11　汀煞白土田主要分布区域的主栽类型

乡镇名称	地力等级	主栽作物
虹星桥	二、三级	粮油、大豆、西瓜
夹浦	二、三级	粮油、葡萄
李家巷	二、三级	粮油、蔬菜、葡萄
林城	三、四级	粮油
吕山	三级	粮油
水口	二、三级	蔬菜、粮油
雉城	二、三级	粮油、蔬菜、葡萄
龙山	二、三级	粮油、葡萄、蔬菜
小浦	三级	粮油、葡萄、蔬菜

施肥水平的变化：从几十年来的肥料施用水平来看，从 20 世纪 50 年代前大量使用农家肥发展到 20 世纪后期逐步使用无机肥和增施磷钾肥，直至 21 世纪农户普遍施用化肥，氮、磷、钾三种养分肥料的使用从无到有，目前有近 70% 的农户在施肥上以各种养分比例的复合肥与尿素配合施用，近 30% 的农户以尿素与氯化钾或过磷酸钙配合施用，氮肥用量急剧增加，且存在着偏施、重施氮肥、少施或不施磷钾肥的现象，氮、磷、钾养分投入不均衡，氮磷钾养分年度平均投放量比例约为 5 ∶ 1 ∶ 1（表 6-12）。

表 6-12　施肥水平的变化

年份	化学肥料纯用量 /（kg/hm^2）			有机肥占有比例 /%
	N	P_2O_5	K_2O	
1959	9.00	4.125	0	100
1969	66.15	9.60	0	80
1989	288.00	48.00	49.50	70
2007	24.75	99.00	130.50	20

6.3.3 地力保护提升对策与措施

6.3.3.1 结合发展县域产业发展带提升土壤养分含量

根据长兴县农业经济发展布局和产业区域优势，通过在汀煞白土田主要分布区域内蔬菜、葡萄、西瓜等特色产业基地的建设、作物养分使用比例的科学调整和果木类作物自身强大的根系活动，农田水利设施的有效改善，土层增厚，各种养分含量得到提高或渐趋平衡，从而使汀煞白土田得到改良。

6.3.3.2 结合农艺措施改善土壤结构

汀煞白土田因其土壤质地大多为中壤土，土体内粗粉砂含量高，汀浆板结，土壤代换量和有机质含量低，耕层浅薄，作物根系活动范围窄，保肥供肥能力弱。因此，可通过水旱轮作耕作制度和有目的的种植果木类作物，实行深耕培肥治瘠，大力推广秸秆还田，增加有机肥投入、以磷增氮、适施石灰等农业措施，促进土壤养分的积累，增强土壤通透性，改善犁底层和白土层贫瘠板结现象。

6.3.3.3 结合测土配方施肥技术平衡养分含量

从农户施肥情况调查分析，种植户在施肥中还存在施肥水平、施肥结构和施肥方法的不合理性，造成产出投入比较低。因此，在施肥上，应大力推广测土配方施肥技术，根据因缺补缺的原则，有目的地分配各种养分投入量，注重氮、磷、钾的平衡使用。同时，根据汀煞白土的“作物前期起发慢，后期脱力早衰”的特性，在施肥方式上注重基肥和穗粒肥的使用，在养分搭配上注意氮、磷后期适当配施钾素化肥，以期达到提高作物产量水平，平衡土壤养分的目的。

6.4 不同耕地地力等级土种构成与性状分析

耕地地力是耕地生产力的综合反映，是对特定气候区域条件下，在自然和人为因素共同作用下形成的，耕地的立地条件、理化性状、养分状况、土壤管理等因素是评价的主要依据，按照其综合生产潜力高低划分出地力等级。长兴县耕地地力等级评价，是在浙江省耕地地力调查与质量评价指标体系基础上，根据长兴县的实际，即耕地的土壤属性、自然地理条件和农业生态特点，采用层次分析法进行评价。选择了地貌类型、坡度、成土母质、剖面构型、耕层厚度、耕层质地、容重、pH 值、CEC、有机质、有效磷、速效钾、障碍层出现位置、障碍层厚度、耕层含盐量、灌溉保证率、排涝（抗旱）能力 17 项要素，作为长兴县耕地地力等价的评价因子。

21 世纪初长兴开展耕地等级评价面积为 44 407.47hm^2，土壤类型以水稻土为主，占耕地的 76.26%，红壤、紫色土、石灰岩土、潮土、粗骨土类面积较少，涉及土种根据省土种命名规则命名。根据耕地生产性能综合指数（IFI），采用累积频率曲线法，将耕地地力划分为十个等级：一级至十级地力耕地评价面积各为 12 680.00hm^2、11 193.33hm^2、3 573.33hm^2、2 120.00hm^2、4 540.00hm^2、6 686.67hm^2、2 106.67hm^2、1 346.67hm^2、2.80hm^2、158.00hm^2，分别占总耕地面积的 28.55%、25.21%、8.05%、4.78%、10.22%、15.06%、4.74%、3.03%、0.01%、0.35%（表 6-13）。

表 6-13　各级耕地比例及面积

等级	面积 /hm^2	比例 /%
一级	12 680.00	28.55
二级	11 193.33	25.21
三级	3 573.33	8.05
四级	2 120.00	4.78
五级	4 540.00	10.22
六级	6 686.67	15.06
七级	2 106.67	4.74
八级	1 346.67	3.03
九级	2.80	0.01
十级	158.00	0.35

其中一、二级耕地分布较大，占评价耕地面积的 1/3 以上，以湖松田、黄斑田、青紫泥田等土种为主，这些土种都是长兴水网平原区的高产水稻土种；其次五、六级耕地在我县占有相当的比例，约占 1/4 面积，主要以红壤性母质发育而来的亚棕黄筋泥土、棕黄筋泥土、洪积泥砂土、黄泥砂田、洪积泥砂田等土种为主，分布于长兴的低丘、谷地；三、四级耕地约占全县耕

地的1/8，主要以青塥黄斑田、泥砂田、培泥砂田、黄白土田、白土田等土种，广布于广大平原地区。

6.4.1 一级地力耕地土种构成及其性状

6.4.1.1 土种构成及比例

一级地力耕地是长兴耕地最高级地力，评价面积为12 680.00hm^2，占评价耕地总面积的28.55%。由黄斑田、青塥黄斑田、青紫泥田、黄心青紫泥田、白心青紫泥田、湖松田、壤质堆叠土、湖松土8个土种的评价单元构成，以黄班田、青塥黄斑田、白塥青紫泥、青紫泥田和黄心青紫泥田土种为主，分别占33.00%、11.16%、 18.07%、21.39%和10.94%（表6-14）。

表6-14 一级地力耕地土种构成

土种名称	面积/hm^2	比例/%
黄斑田	4 184.70	33.00
白心青紫泥田	2 290.90	18.07
青紫泥田	2 712.80	21.39
黄心青紫泥田	1 387.20	10.94
青塥黄斑田	1 415.00	11.16
湖松田	454.30	3.58
壤质堆叠土	181.80	1.43
湖松土	53.30	0.42
合计	12 680.00	100.00

6.4.1.2 主要理化性状及养分状况（表6-15）

（1）容重。各土种耕层土壤容重在0.90～1.11g/cm^3。其中最高的是壤质堆叠土，为1.11g/cm^3；最低的是青紫泥田为0.90g/cm^3。

（2）阳离子交换量。各土种耕层土壤阳离子交换量在15.37～17.76cmol/kg。其中最高的是壤质堆叠土，为17.76cmol/kg；最低的是黄班田，为15.37cmol/kg。

（3）pH值。各土种耕层土壤pH值在5.3～6.4，以弱酸性为主。

（4）有机质。各土种耕层土壤有机质含量在30.2～36.9g/kg。其中土壤有机质最高是壤质堆叠土，为36.9g/kg；最低是湖松田，为30.2g/kg。

（5）有效磷。各土种耕层土壤有效磷含量为 4.53 ～ 32.57mg/kg。其中土壤有效磷含量最高是湖松土，为 32.57mg/kg；最低是黄心青紫泥田，为 4.53mg/kg。

（6）速效钾。各土种耕层土壤速效钾含量在 73.52 ～ 91.64mg/kg。其中土壤速效钾含量最高是湖松土，为 91.64mg/kg；最低是黄斑田，为 73.52mg/kg。

表 6-15 一级地力耕地主要理化性状及养分状况

土种名称	容重 /（g/cm^3）	CEC/（cmol/kg）	pH 值	有机质 /（g/kg）	有效磷 /（mg/kg）	速效钾 /（mg/kg）
黄斑田	0.98	15.37	5.3 ～ 5.9	32.80	4.65	73.52
白心青紫泥田	0.92	16.91	5.5 ～ 6.3	35.30	6.69	80.41
青紫泥田	0.90	16.63	5.4 ～ 6.2	33.80	4.71	78.16
黄心青紫泥田	0.94	16.25	5.3 ～ 6.1	33.60	4.53	76.49
青塥黄斑田	1.02	16.18	5.3 ～ 5.9	31.60	4.89	76.37
湖松田	0.96	15.43	5.7 ～ 6.1	30.20	23.90	83.44
壤质堆叠土	1.11	17.76	6.0 ～ 6.4	36.90	10.54	84.33
湖松土	1.10	16.19	6.0 ～ 6.2	31.70	32.57	91.64

6.4.2 二级地力耕地土种构成及其性状

6.4.2.1 土种构成及比例

二级地力耕地评价面积 11 193.33hm^2，占评价耕地总面积的 25.21%。由青紫泥田、白心青紫泥田、汀煞白土田、壤质堆叠土、黄斑田、青塥黄斑田、湖松土、青紫头白土田和湖松田 9 个土种构成。以青紫泥田、汀煞白土田、壤质堆叠土为主，占比分别是 38.25%、29.05%、15.32%（表 6-16）。

6-16 二级地力耕地土种构成

土种名称	面积 /hm^2	比例 /%
青紫泥田	4 281.05	38.25
白心青紫泥田	67.22	0.60
汀煞白土田	3 251.57	29.05
壤质堆叠土	1 714.47	15.32
黄斑田	640.04	5.72

续表

土种名称	面积 /hm²	比例 /%
青埆黄斑田	712.57	6.37
湖松土	203.69	1.82
青紫头白土田	298.24	2.66
湖松田	24.48	0.22
合计	11 193.33	100.00

6.4.2.2 主要理化性状及养分状况（表 6-17）

（1）容重。各土种耕层土壤容重在 0.90 ～ 1.11g/cm³。其中最高的是壤质堆叠土，为 1.11g/cm³；最低的是青紫泥田为 0.90g/cm³。

（2）阳离子交换量。各土种耕层土壤阳离子交换量在 12.41 ～ 17.34cmol/kg。其中最高的是青紫头白土田，为 17.34cmol/kg；最低的是壤质堆叠土，为 12.41cmol/kg。

（3）pH 值。各土种耕层土壤 pH 值在 5.3 ～ 6.4，以弱酸性为主。

（4）有机质。各土种耕层土壤有机质含量在 30.9 ～ 39.1g/kg。其中土壤有机质最高是青紫头白土田，为 39.1g/kg；最低是壤质堆叠土，为 30.9g/kg。

（5）有效磷。各土种耕层土壤有效磷含量为 3.73 ～ 9.34mg/kg。其中土壤有效磷含量最高是青紫头白土田，为 9.34mg/kg；最低是汀煞白土田，为 3.73mg/kg。

（6）速效钾。各土种耕层土壤速效钾含量在 67.69 ～ 82.52mg/kg。其中土壤速效钾含量最高是青紫头白土田，为 82.52mg/kg；最低是白心青紫泥田，为 67.69mg/kg。

6-17 二级地力耕地主要理化性状及养分状况

土种名称	容重 /（g/cm³）	CEC/（cmol/kg）	pH 值	有机质 /（g/kg）	有效磷 /（mg/kg）	速效钾 /（mg/kg）
青紫泥田	0.90	16.52	5.6 ～ 6.2	35.80	4.26	70.70
白心青紫泥田	0.92	13.49	5.5 ～ 5.9	32.50	5.99	67.69
汀煞白土田	0.98	13.27	5.4 ～ 6.0	32.10	3.73	71.65
壤质堆叠土	1.11	12.41	5.3 ～ 5.8	30.90	3.78	72.40
黄斑田	0.98	14.79	5.2 ～ 5.7	33.10	7.05	67.76

续表

土种名称	容重 / (g/cm^3)	CEC/ (cmol/kg)	pH 值	有机质 / (g/kg)	有效磷 / (mg/kg)	速效钾 / (mg/kg)
青塥黄斑田	1.03	13.68	5.3 ～ 6.0	31.70	4.96	72.24
湖松田	0.95	16.27	5.7 ～ 6.3	35.90	3.89	71.76
青紫头白土田	0.94	17.34	5.9 ～ 6.4	39.10	9.34	82.52
湖松土	1.10	15.43	5.6 ～ 6.2	35.10	7.92	73.76

6.4.3　三级地力耕地土种构成及其性状

6.4.3.1　土种构成及比例

三级地力耕地评价面积 3 573.33hm^2，占评价耕地总面积的 8.05%，由青塥黄斑田、黄白土田、白土田、汀煞白土田和泥质田 5 个土种构成。其中青塥黄斑田占 34.69%，黄白土田占 21.1%，白土田占 15.65%，汀煞白土田占 14.14%，泥质田占 14.43%（表 6-18）

6-18　三级地力耕地土种构成

土种名称	面积 /hm^2	比例 /%
青塥黄斑田	1 239.42	34.69
黄白土田	753.90	21.10
白土田	559.09	15.65
汀煞白土田	505.30	14.14
泥质田	515.62	14.43
合　计	3 573.33	100.00

6.4.3.2　主要理化性状及养分状况（表 6-19）

（1）容重。各土种耕层土壤容重在 0.92 ～ 1.14g/cm^3。其中最高的是黄白土田，为 1.14g/cm^3；最低的是白土田为 0.92g/cm^3。

（2）阳离子交换量。各土种耕层土壤阳离子交换量在 12.24～15.93cmol/kg。其中最高的是白土田，为 15.93cmol/kg；最低的是汀煞白土田，为 12.24cmol/kg。

（3）pH 值。各土种耕层土壤 pH 值在 5.2 ～ 6.3，弱酸性至酸性。

（4）有机质。各土种耕层土壤有机质含量在 28.4 ～ 35.3g/kg。其中土壤有机质最高是白土田，为35.3g/kg；最低是泥质田，为28.4g/kg。

（5）有效磷。各土种耕层土壤有效磷含量为3.65～8.71mg/kg。其中土壤有效磷含量最高是汀煞白土田，为8.71mg/kg；最低是青塥黄斑田，为3.65mg/kg。

（6）速效钾。各土种耕层土壤速效钾含量在62.2～77.09mg/kg。其中土壤速效钾含量最高是白土田，为77.09mg/kg；最低是汀煞白土田，为62.26mg/kg。

6-19　三级地力耕地主要理化性状及养分状况

土种名称	容重 /（g/cm³）	CEC/（cmol/kg）	pH 值	有机质 /（g/kg）	有效磷 /（mg/kg）	速效钾 /（mg/kg）
青塥黄斑田	1.03	15.50	5.2～5.5	32.3	3.65	75.17
黄白土田	1.14	15.15	5.3～5.9	33.6	3.92	73.31
白土田	0.92	15.93	5.5～6.3	35.3	8.71	77.09
汀煞白土田	1.03	12.24	5.3～5.6	29.1	8.00	62.26
泥质田	1.06	12.40	5.2～5.5	28.4	4.69	69.54

6.4.4　四级地力耕地土种构成及其性状

6.4.4.1　土种构成及面积

四级地力耕地评价面积2 120.00hm²，占评价耕地总面积的4.78%，由泥砂田、培泥砂田、培泥砂土、白塥泥质田、焦砾塥泥砂田、泥质田、烂青紫泥田7个土种的评价单元构成。其中泥砂田、培泥砂田、培泥砂土分别占该级耕地面积的42.20%、49.77%和6.59%，白塥泥质田、焦砾塥泥砂田、泥质田、烂青紫泥田4个土种只占1.44%（表6-20）。

6-20　四级地力耕地土种构成

土种名称	面积 /hm²	比例 /%
泥砂田	895.02	42.20
培泥砂田	1 055.07	49.77
培泥砂土	139.64	6.59
白塥泥质田	23.66	1.12

续表

土种名称	面积 /hm^2	比例 /%
焦砾塥泥砂田	2.92	0.14
泥质田	2.07	0.10
烂青紫泥田	1.62	0.08
合计	2 120.00	100.00

6.4.4.2　主要理化性状及养分状况（表 6-21）

（1）容重。各土种耕层土壤容重在 0.87 ～ 1.1g/cm^3。其中最高的是培泥砂土和焦砾塥泥砂田，为 1.1g/cm^3；最低的是烂青紫泥田，为 0.87g/cm^3。

（2）阳离子交换量。各土种耕层土壤阳离子交换量在 11.61 ～ 14.66cmol/kg。其中最高的是烂青紫泥田，为 14.66cmol/kg；最低的是泥砂田，为 11.61cmol/kg。

（3）pH 值。各土种耕层土壤 pH 值在 4.8 ～ 5.8，以酸性为主。

（4）有机质。各土种耕层土壤有机质含量在 24.7 ～ 30.1g/kg。其中土壤有机质最高是烂青紫泥田，为 30.1g/kg；最低是培泥砂土，为 24.7g/kg。

（5）有效磷。各土种耕层土壤有效磷含量为 2.93 ～ 14.52mg/kg。其中土壤有效磷含量最高是泥砂田，为 14.52mg/kg；最低是烂青紫泥田，为 2.93mg/kg。

（6）速效钾。各土种耕层土壤速效钾含量在 66.69 ～ 77.53mg/kg。其中土壤速效钾含量最高是烂青紫泥田，为 77.53mg/kg；最低是培泥砂土，为 66.69mg/kg。

表 6-21　四级地力耕地主要理化性状及养分状况

土种名称	容重 /（g/cm^3）	CEC/（cmol/kg）	pH 值	有机质 /（g/kg）	有效磷 /（mg/kg）	速效钾 /（mg/kg）
泥砂田	1.08	11.61	5.2 ～ 5.8	26.7	14.52	68.02
培泥砂田	1.03	13.77	5.1 ～ 5.5	29.3	4.82	69.08
培泥砂土	1.10	11.74	5.4 ～ 6.0	24.7	4.76	66.69
白塥泥质田	1.07	11.99	5.2 ～ 5.8	25.9	6.98	69.02
焦砾塥泥砂田	1.10	12.89	4.8 ～ 5.0	26.8	11.61	69.62
泥质田	1.06	13.49	5.2 ～ 5.5	29.6	6.19	69.46
烂青紫泥田	0.87	14.66	5.2 ～ 5.5	30.1	2.93	77.53

6.4.5 五级地力耕地土种构成及其性状

6.4.5.1 土种构成及比例

五级地力耕地评评价面积 4 540.00hm^2，占评价耕地总面积的 10.22%。由亚棕黄筋泥、黄大泥田、洪积泥砂土、黄粉泥田、 培泥砂田、酸性紫砾土、黄泥砂田、棕黄筋泥、紫粉泥土等 14 个土种的评价单元构成。其中，亚棕黄筋泥土 2 248.00hm^2、占 49.51%；黄大泥田 779.63hm^2，占 17.16%；洪积泥砂土 462.37hm^2，占 10.19%；黄粉泥田 312.17hm^2，占 6.88%；培泥砂田 273.18hm^2，占 6.02%；酸性紫砾土、黄泥砂田、棕黄筋泥土、紫粉泥土等 9 个土种共占 10.25%（表 6-22）。

表 6-22 五级地力耕地土种构成

土种名称	面积 /hm^2	比例 /%
亚棕黄筋泥	2 248.00	49.51
黄大泥田	779.63	17.16
洪积泥砂土	462.37	10.19
黄粉泥田	312.17	6.88
培泥砂田	273.18	6.02
酸性紫砾土	166.79	3.68
黄泥砂田	91.96	2.03
棕黄筋泥	74.54	1.64
紫粉泥土	49.00	1.08
焦砾塥泥砂田	36.45	0.80
洪积泥砂田	27.66	0.61
泥筋田	8.66	0.19
泥砂田	7.53	0.17
砾塥泥砂土	2.07	0.05
合计	4 540.00	100.00

6.4.5.2 要理化性状及养分状况（表 6-23）

（1）容重。各土种耕层土壤容重在 0.97 ～ 1.25g/cm^3。其中最高的是亚棕黄筋泥，为 1.25g/cm^3；最低的是洪积泥砂田，为 0.97g/cm^3。

（2）阳离子交换量。各土种耕层土壤阳离子交换量在 10.54 ～ 13.45cmol/kg。其中最高的是黄粉泥田，为 13.45cmol/kg；最低的是洪积泥砂土，为 10.54cmol/kg。

（3）pH 值。各土种耕层土壤 pH 值在 4.9 ～ 6.2，弱酸性至酸性。

（4）有机质。各土种耕层土壤有机质含量在 20.9 ～ 26.1g/kg。其中土壤有机质最高是黄粉泥田，为 26.1g/kg；最低是泥砂田，为 20.9g/kg。

（5）有效磷。各土种耕层土壤有效磷含量为 3.31 ～ 29.46mg/kg。其中土壤有效磷含量最高是洪积泥砂土，为 29.46mg/kg；最低是泥筋田，为 3.31mg/kg。

（6）速效钾。各土种耕层土壤速效钾含量在 64.11 ～ 77.99mg/kg。其中土壤速效钾含量最高是洪积泥砂田，为 77.99mg/kg；最低是紫粉泥土，为 64.11mg/kg。

表 6-23　五级地力耕地主要理化性状及养分状况

土种名称	容重 /（g/cm^3）	CEC/（cmol/kg）	pH 值	有机质 /（g/kg）	有效磷 /（mg/kg）	速效钾 /（mg/kg）
亚棕黄筋泥	1.25	11.56	5.0 ～ 5.7	22.6	12.75	69.19
黄大泥田	1.08	12.83	5.2 ～ 5.4	23.4	6.26	71.15
洪积泥砂土	1.16	10.54	5.3 ～ 5.9	21.7	29.46	66.34
黄粉泥田	1.13	13.45	5.3 ～ 6.0	26.1	11.73	70.24
培泥砂田	1.05	11.81	5.2 ～ 5.5	23.7	10.64	68.05
酸性紫砾土	1.19	12.06	5.1 ～ 5.4	24.3	3.63	75.91
黄泥砂田	1.15	13.12	6.0 ～ 6.5	25.3	12.59	77.81
棕黄筋泥	1.24	12.45	5.0 ～ 5.8	23.6	5.90	75.60
紫粉泥土	1.18	11.26	5.1 ～ 5.5	23.6	5.13	64.11
焦砾塥泥砂田	1.10	10.59	4.9 ～ 5.3	21.4	14.87	65.31
洪积泥砂田	0.97	11.91	5.7 ～ 6.2	22.5	17.42	77.99
泥筋田	1.05	12.74	5.2 ～ 5.5	23.9	3.31	73.81
泥砂田	1.08	9.73	5.1 ～ 5.5	20.9	27.24	64.62
砾塥泥砂土	1.17	10.59	5.1 ～ 5.5	21.3	12.81	71.39

6.4.6　六级地力耕地土种构成及其性状

6.4.6.1　土种构成及比例

六级地力耕地评价面积 6 786.67hm^2，占评价耕地总面积的 15.06%。由黄粉泥田、黄泥砂田、棕黄筋泥、洪积泥砂田、亚棕黄筋泥等 11 个土种的评价单元构成。其中黄粉泥田 2 553.02hm^2，占该级耕地面积 37.62%；黄泥砂田 1 714.58hm^2，占 25.26%；棕黄筋泥 1 474.43hm^2，占 21.73%；洪积泥砂田 507.25hm^2，占 7.47%；亚棕黄筋泥 229.36hm^2，占 3.37%；其他 6 个土种占 4.55%（表 6-24）。

表 6-24　六级地力耕地土种构成

土种名称	面积 /hm^2	比例 /%
黄粉泥田	2 553.02	37.62
黄泥砂田	1 714.58	25.26
棕黄筋泥	1 474.43	21.73
洪积泥砂田	507.25	7.47
亚棕黄筋泥	229.36	3.37
黄泥砂土	122.66	1.81
洪积泥砂土	67.31	1.00
砾塥泥砂土	55.07	0.81
酸性紫砾土	42.87	0.63
砾质泥砂土	15.49	0.23
泥筋田	4.63	0.07
合计	6 786.67	100.00

6.4.6.2　主要理化性状及养分状况（表 6-25）

（1）容重。各土种耕层土壤容重在 0.97 ～ 1.25g/cm^3。其中最高的是亚棕黄筋泥，为 1.25g/cm^3；最低的是洪积泥砂田，为 0.97g/cm^3。

（2）阳离子交换量。各土种耕层土壤阳离子交换量在 10.62 ～ 14.22cmol/kg。其中最高的是黄泥砂土，为 14.22cmol/kg；最低的是泥砂土，为 10.62cmol/kg。

（3）pH 值。各土种耕层土壤 pH 值在 5.0 ～ 6.2，弱酸性至酸性。

（4）有机质。各土种耕层土壤有机质含量在 21.4 ～ 25.7g/kg。其中土壤有机质最高是黄泥砂土，为 25.7g/kg；最低是泥砂土，为 21.4g/kg。

（5）有效磷。各土种耕层土壤有效磷含量为 3.54 ～ 27.82mg/kg。其中土壤有效磷含量最高是洪积泥砂，为 27.82mg/kg；最低是泥筋田，为 3.54mg/kg。

（6）速效钾。各土种耕层土壤速效钾含量在 61.99 ～ 74.59mg/kg。其中土壤速效钾含量最高是酸性紫砾土，为 74.59mg/kg；最低是砾塥泥砂土，为 61.99mg/kg。

表 6-25　六级地力耕地主要理化性状及养分状况

土种名称	容重 /（g/cm^3）	CEC/（cmol/kg）	pH 值	有机质 /（g/kg）	有效磷 /（mg/kg）	速效钾 /（mg/kg）
黄粉泥田	1.13	12.09	5.0 ～ 5.3	24.7	10.91	67.72
黄泥砂田	1.15	11.35	5.0 ～ 5.8	23.1	18.06	66.56
棕黄筋泥	1.24	12.03	5.0 ～ 5.4	24.9	11.18	68.48
洪积泥砂田	0.97	11.46	5.4 ～ 6.2	22.4	27.82	66.41
亚棕黄筋泥	1.25	11.39	5.2 ～ 5.8	23.8	12.75	68.04
黄泥砂土	1.20	14.22	5.3 ～ 6.0	25.3	13.37	70.59
洪积泥砂土	1.16	11.03	5.4 ～ 6.2	22.2	29.25	65.00
砾塥泥砂土	1.17	11.40	5.3 ～ 5.5	24.4	14.97	61.99
酸性紫砾土	1.19	13.05	5.1 ～ 5.3	25.7	5.31	74.59
泥砂土	1.15	10.62	5.1 ～ 5.3	21.4	7.75	68.76
泥筋田	1.05	13.01	5.1 ～ 5.3	25.2	3.54	72.19

6.4.7　七级地力耕地土种构成及其性状

6.4.7.1　土种构成及比例

七级地力耕地评价面积 2 106.67hm^2，占评价耕地总面积的 4.74%，由黄泥砂土、酸性紫砂土、泥砂土、油黄泥、焦砾塥洪积泥砂田等 11 个土种的评价单元构成。其中，黄泥砂土 926.73hm^2，占 43.99%；酸性紫砂土 478.25hm^2，占 22.7%；泥砂土 367.06hm^2，占 17.42%；油黄泥 118.1hm^2，占 5.60%；焦砾塥洪积泥砂田 111.97hm^2，占 5.32%；其他 6 个土种面积 104.56hm^2，占 4.97%（表 6-26）。

表 6-26　七级地力耕地土种构成

土种名称	面积 /hm^2	比例 /%
黄泥砂土	926.73	43.99
酸性紫砂土	478.25	22.70
泥砂土	367.06	17.42
油黄泥	118.10	5.60
焦砾塥洪积泥砂田	111.97	5.32
棕黄筋泥田	61.43	2.92
黄砾泥	18.35	0.87

续表

土种名称	面积 /hm²	比例 /%
红粉泥土	12.81	0.61
烂浸田	7.54	0.36
砂田	2.94	0.14
洪积泥砂田	1.49	0.07
合计	2 106.67	100.00

6.4.7.2　主要理化性状及养分状况（表 6-27）

（1）容重。各土种耕层土壤容重在 0.88 ～ 1.21g/cm³。其中最高的是黄砾泥，为 1.2g/cm³；最低的是烂浸田，为 0.88g/cm³。

（2）阳离子交换量。各土种耕层土壤阳离子交换量在 10.51 ～ 17.17cmol/kg。其中最高的是烂浸田，为 17.17cmol/kg；最低的是酸性紫砂土，为 10.51cmol/kg。

（3）pH 值。各土种耕层土壤 pH 值在 5.0 ～ 6.5，弱酸性至酸性。

（4）有机质。各土种耕层土壤土壤有机质含量在 21.6 ～ 31.9g/kg。其中土壤有机质最高是黄砾泥，为 31.9g/kg；最低是酸性紫砂土，为 21.6g/kg。

（5）有效磷。各土种耕层土壤有效磷含量为 2.82 ～ 22.99mg/kg。其中土壤有效磷含量最高是焦砾塥洪积泥砂田，为 22.99mg/kg；最低是黄砾泥，为 2.82mg/kg。

（6）速效钾。各土种耕层土壤速效钾含量在 61.61 ～ 78.58mg/kg。其中土壤速效钾含量最高是烂浸田，为 78.58mg/kg；最低是酸性紫砂土，为 61.61mg/kg。

表 6-27　七级地力耕地主要理化性状及养分状况

土种名称	容重 /（g/cm³）	CEC/（cmol/kg）	pH 值	有机质 /（g/kg）	有效磷 /（mg/kg）	速效钾 /（mg/kg）
黄泥砂土	1.18	11.57	5.1～5.8	24.1	15.88	66.90
酸性紫砂土	1.17	10.51	5.0～5.3	21.6	8.89	61.61
泥砂土	1.17	11.49	5.0～5.4	23.5	14.86	66.57
油黄泥	1.15	14.21	5.9～6.5	26.7	10.22	72.04
焦砾塥洪积泥砂田	1.14	11.46	5.8～6.4	22.9	22.99	69.22
棕黄筋泥田	1.20	10.87	5.0～5.8	21.9	19.72	70.71
黄砾泥	1.21	16.93	6.0～6.3	31.9	2.82	78.23

续表

土种名称	容重 /（g/cm³）	CEC/（cmol/kg）	pH 值	有机质 /（g/kg）	有效磷 /（mg/kg）	速效钾 /（mg/kg）
红粉泥土	1.18	10.84	5.3～5.5	22.5	12.13	69.42
烂浸田	0.88	17.17	6.1～6.5	31.2	5.14	78.58
砂田	1.30	13.88	5.5～5.8	25.1	4.80	65.60
洪积泥砂田	0.97	11.80	6.0～6.4	22.3	21.41	64.70

6.4.8　八级地力耕地土种构成及其性状

6.4.8.1　土种构成及比例

八级地力耕地评价面积 1 346.67hm²，占评价耕地总面积的 3.03%，由黄泥砂土、黄油泥田、酸性紫砂土、黄砾泥、油黄泥、泥砂田、焦砾塥洪积泥砂田 7 个土种的评价单元构成。其中，黄泥砂土 1 039.1hm²，占 77.16%；黄油泥田 181.73hm²，占 13.5%；酸性紫砂土 59.48hm²，占 4.42%；黄砾泥 34.92hm²，占 2.59%；其他 3 个土种 31.44hm²，占 2.33%（表 6-28）。

表 6-28　八级地力耕地土种构成

土种名称	面积 /hm²	比例 /%
黄泥砂土	1 039.10	77.16
酸性紫砂土	59.48	4.42
黄油泥田	181.73	13.50
黄砾泥	34.92	2.59
油黄泥	23.30	1.73
泥砂田	4.61	0.34
焦砾塥洪积泥砂田	3.53	0.26
合计	1 346.67	100.00

6.4.8.2　主要理化性状及养分状况（表 6-29）

（1）容重。各土种耕层土壤容重在 1.10 ～ 1.21g/cm³。其中最高的是黄砾泥，为 1.21g/cm³；最低的是黄油泥田，为 1.10g/cm³。

（2）阳离子交换量。各土种耕层土壤阳离子交换量在 10.50 ～

12.84cmol/kg。其中最高的是黄油泥田，为 12.84cmol/kg；最低的是泥砂田，为 10.50cmol/kg。

（3）pH 值。各土种耕层土壤 pH 值在 5.0 ～ 6.5，弱酸性至酸性。

（4）有机质。各土种耕层土壤有机质含量在 21.5 ～ 23.9g/kg。其中土壤有机质最高是油黄泥，为 23.9g/kg；最低是黄泥砂土，为 21.5g/kg

（5）有效磷。各土种耕层土壤有效磷含量为 4.01 ～ 35.18mg/kg。其中土壤有效磷含量最高是焦砾塥洪积泥砂田，为 35.18mg/kg；最低是酸性紫砂土，为 4.01mg/kg。

（6）速效钾。各土种耕层土壤速效钾含量在 64.46 ～ 79.5mg/kg。其中土壤速效钾含量焦砾塥洪积泥砂田，为 79.5mg/kg；最低是黄泥砂土，为 64.46mg/kg。

表 6-29　八级地力耕地主要理化性状及养分状况

土种名称	容重 /（g/cm^3）	CEC/（cmol/kg）	pH 值	有机质 /（g/kg）	有效磷 /（mg/kg）	速效钾 /（mg/kg）
黄泥砂土	1.18	10.65	5.0 ～ 5.6	21.5	14.8	64.46
酸性紫砂土	1.17	11.82	5.2 ～ 5.4	22.7	4.01	69.08
黄油泥田	1.10	12.84	5.8 ～ 6.6	23.6	26.96	72.10
黄砾泥	1.21	11.23	5.3 ～ 5.9	22.2	14.23	68.35
油黄泥	1.15	12.28	5.8 ～ 6.4	23.9	22.82	69.00
泥砂田	1.12	10.50	5.2 ～ 5.4	21.9	11.46	67.06
焦砾塥洪积泥砂田	1.14	10.91	6.0 ～ 6.5	22.4	35.18	79.50

6.4.9　九级和十级地力耕地土种构成及其性状

6.4.9.1　土种构成及比例

九级、十级地力耕地评价面积 160.8hm^2，只占评价耕地总面积的 0.36%。九级地力耕地由黄油泥田和黑油泥 2 个土种评价单元构成，黄油泥田面积 1.42hm^2，黑油泥面积 1.38hm^2；十级地力耕地只有石砂土 1 个土种评价单元构成，石砂土面积 158hm^2（表 6-30）。

6.4.9.2　主要理化性状及养分状况

九级耕地的黑油泥、黄油泥田耕层土壤容重分别为 1.13g/cm^3 和 1.10g/cm^3；阳离子交换量均在 12.20cmol/kg 左右；pH 值 6.5 ～ 7.0；有机质含量中等，分别为 24.2g/kg 和 23.9g/kg；土壤有效磷的含量比较高，分别为 28.6mg/kg 和 25.6mg/kg；土壤速效钾分别为 75.3mg/kg 和 71.0mg/kg。

十级耕地土种石砂土耕层土壤容重为 1.21g/cm^3，阳离子交换量 10.31 cmol/kg，pH 值 5.2 ～ 5.5，有机质 21.8g/kg，有效磷 37.19mg/kg，速效钾 67.5mg/kg（表 6-30）。

表 6-30　九级和十级耕地主要理化性状及养分状况

土种名称	容重 /（g/cm^3）	CEC/（cmol/kg）	pH 值	有机质 /（g/kg）	有效磷 /（mg/kg）	速效钾 /（mg/kg）
黑油泥	1.13	12.23	6.76 ～ 7.00	24.20	28.60	75.30
黄油泥田	1.10	12.28	6.50 ～ 7.00	23.90	25.60	71.00
石砂土	1.21	10.30	5.20 ～ 5.50	21.80	37.19	67.50

参考文献

毛晓梅，潘建清，彭桂福，2010. 长兴县农田汀煞白土的养分状况及对策措施 [J]. 浙江农业科学（5）：1054-1056.

长兴县人民政府，1992. 长兴县志 [M]. 上海：上海人民出版社 .

长兴县土地志编纂委员会，2002. 长兴土地志 [M]. 北京：中华书局 .

长兴县农业局，2003. 长兴县耕地地力调查与质量评价技术报告 [R].

长兴县农业局，2010. 长兴县耕地地力评价 [E].

长兴县志编纂委员会办公室，1992. 长兴县志 [M]. 上海：上海人民出版社 .

吴嘉平，荆长伟，支俊俊，2012. 浙江省县市土壤图集 [M]. 长沙：湖南地图出版社 .

吴嘉平，荆长伟，支俊俊，2014. 浙江省土壤数据库及其应用 [M]. 杭州：浙江大学出版社 .

冷明珠，2013. 安吉耕地质量 [M]. 北京：中国农业科学技术出版社 .

陆鼎言、王旭强，2005. 湖州入湖溇港和塘浦（溇港）圩田系统研究 [A]. 浙江省科学技术协会专题资料 .

浙江省土壤普查办公室，1993. 浙江土种志 [M]. 杭州：浙江科学技术出版社 .

浙江省地质调查院，长兴县人民政府，2004. 长兴县农业地质环境调查与自然资源评价 [N]. 野外验收工作简报 .

缪启愉，1985. 太湖塘浦圩田史研究 [M]. 北京：农业出版社 .

附录　土壤分类参比

长兴县第二次土壤普查开始于1980年，完成于1984年。因浙江省第二次土壤普查是以县级为单位开展的，在普查的过程中随着认识的深入，从第一个试点县开始至最后全省汇总的过程中，土壤类别划分和名称上都有了一定的调整。本书中所用的土壤分类系统参照最终省级汇总的1993年出版的《浙江土种志》进行了修正。同时，在全国数据汇总时，又有了一次对分类系统和分类名称的统一。在浙江省现行的农业利用和文献资料中，都还是以汇总后的省级分类系统为主。为兼顾历史资料查阅方便以及省际间的交流，对土壤普查时的长兴县级土种分类名称与省级、国家级分类名称做统一参比。见下表。

表　长兴县级、省级及国家土种分类名称

序号	原长兴县土种名	浙江省土种名	国家土种名
1	黄泥砂土	黄泥砂土	黄泥砂土
2	砾质黄泥砂土		
3	黄砾泥	黄砾泥	砾黄泥土
4	红粉泥土	红粉泥土	其他麻砂质酸性石质土
5	紫粉泥土	紫粉泥土	
6	黄筋泥	棕黄筋泥	棕黄筋泥
7	亚黄筋泥	亚棕黄筋泥	高禹亚棕黄筋泥
8	红砂土	酸性紫砾土	安地酸紫砾土
9	酸性紫色土		
10	黑油泥	黑油泥	黑油泥
11	油黄泥	油黄泥	油黄泥
12	石砂土	石砂土	石砂土
13	矿渣土		
14	石灰岩岩秃		
15	凝灰岩岩秃		
16	砾质红砂土	红砂土	红橙砂土

续表

序号	原长兴县土种名	浙江省土种名	国家土种名
17	洪积泥砂土	洪积泥砂土	潮麻砂土
18	培砂土	培泥砂土	培泥砂土
19	泥砂土	泥砂土	
20	砾塥泥砂土	砾塥泥砂土	
21	砾质泥砂土		
22	湖沙土	潮松土	沟干土
23	堆叠土	壤质堆叠土	南汇黄泥土
24	黄油泥田	黄油泥田	黄油泥田
25	湖松田	湖松田	湖松田
26	腐心湖松田		
27	培泥砂田	培泥砂田	培泥砂田
28	培泥田		
29	砂田	砂田	湖东砂田
30	新黄筋泥田	棕黄筋泥田	棕黄筋泥田
31	培泥头老黄筋泥田	棕粉泥田	棕粉泥田
32	泥砂田	泥砂田	水南泥砂田
33	砾塥泥砂田	焦砾塥泥砂田	
34	湖成白土田	白土田	白土田
35	青紫头白土田	青紫头白土田	
36	黄白土田	黄白土田	
37	洪积泥砂田	洪积泥砂田	泥砂田
38	焦塥洪积泥砂田	焦砾塥洪积泥砂田	
39	黄泥砂田	黄泥砂田	黄泥砂田
40	黄粉泥田	黄粉泥田	黄粉泥砂田
41	黄大泥田	黄大泥田	黄大泥田
42	紫泥砂田	红紫泥砂田	红泥砂田
43	泥质田	泥质田	泥质田
44	白塥泥质田	白塥泥质田	
45	泥筋田	泥筋田	

续表

序号	原长兴县土种名	浙江省土种名	国家土种名
46	黄斑田	黄斑田	黄斑田
47	湖松头黄斑田		
48	腐塥黄斑田	青塥黄斑田	青塥黄斑田
49	青塥黄斑田	硬泥田	其他潮白土田
50	死黄斑田		
51	培泥头黄斑田		
52	培泥头青紫泥田		
53	腐心黄斑田	青塥硬泥田	
54	汀煞白土田	汀煞白土田	淀煞白土田
55	青紫泥田	青紫泥田	吴山青紫泥田
56	腐心青紫泥田		
57	腐塥青紫泥田		
58	湖松头青紫泥田		
59	泥炭塥青紫泥田		
60	泥炭心青紫泥田		
61	白心半青紫泥田	白心青紫泥田	
62	黄白心半青紫泥田		
63	黄心半青紫泥田	黄心青紫泥田	黄心青紫泥田
64	冷水田	烂浸田	烂浸田
65	烂青紫泥田	烂青紫泥田	烂青紫泥田

棕黄筋泥剖面和景观
长兴县泗安镇玉泉村
（麻万诸 摄）
2019 年 12 月 6 日

亚棕黄筋泥剖面和景观
长兴县泗安镇师姑岗村
（麻万诸 摄）
2012 年 4 月 8 日

棕粉泥田剖面和景观

长兴县林城镇太傅村

（麻万诸 摄）

2012 年 4 月 8 日

湖松田剖面和景观

长兴县太湖街道彭城村

（邹平 摄）

2020 年 12 月 24 日

黄斑田剖面和景观
长兴县和平镇雪溪村
（邹平 摄）
2020 年 12 月 17 日

青紫头白土田剖面和景观
长兴县洪桥镇陈家埭村
（邹平 摄）
2020 年 12 月 23 日

硬泥田剖面和景观
长兴县林城镇天平村
（邹平 摄）
2020 年 12 月 17 日

汀煞白土田剖面和景观
长兴县画溪街道长桥村
（邹平 摄）
2020 年 12 月 16 日

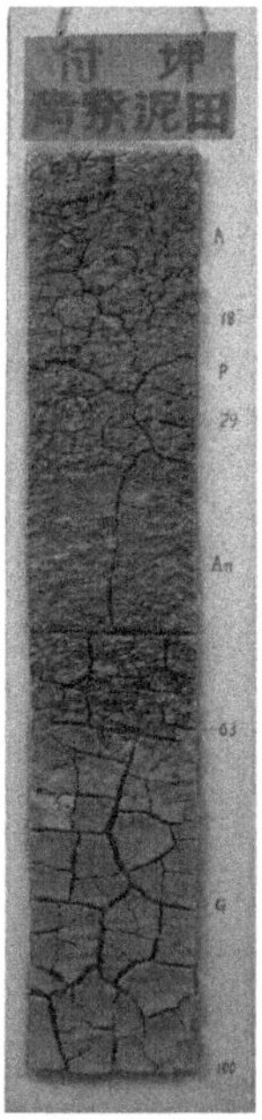

腐埇青紫泥田

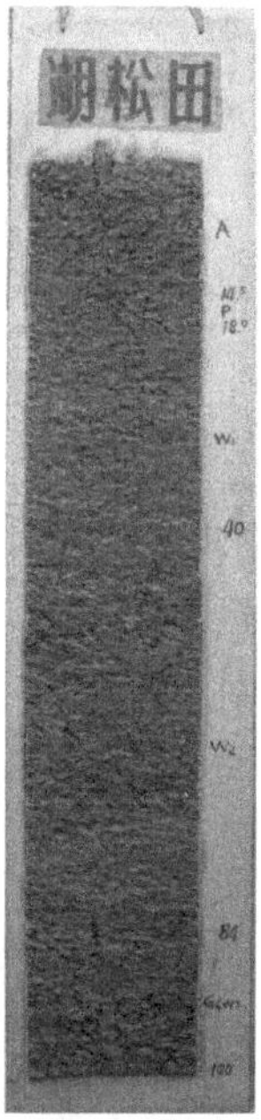

湖松田

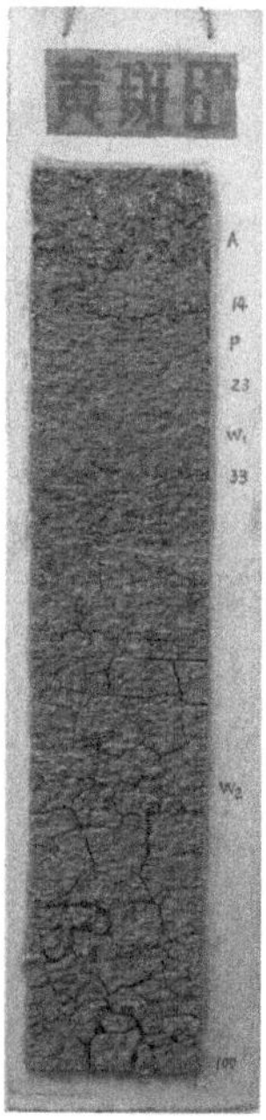

黄斑田

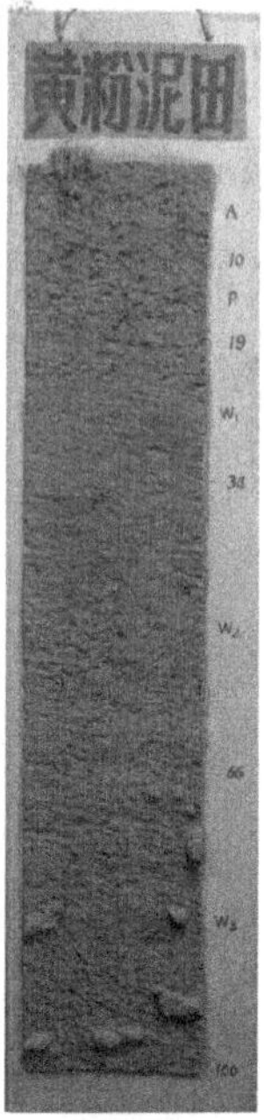

黄粉泥田

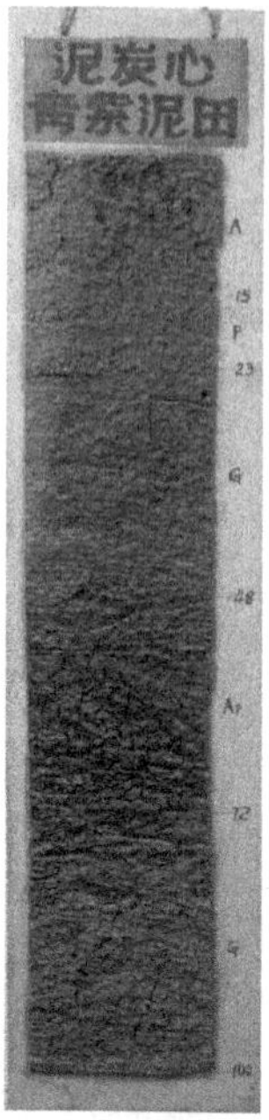

泥炭心青紫泥田

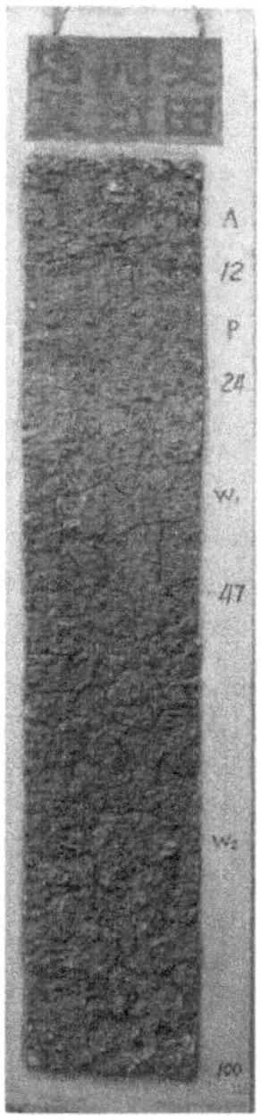

培泥头黄斑田

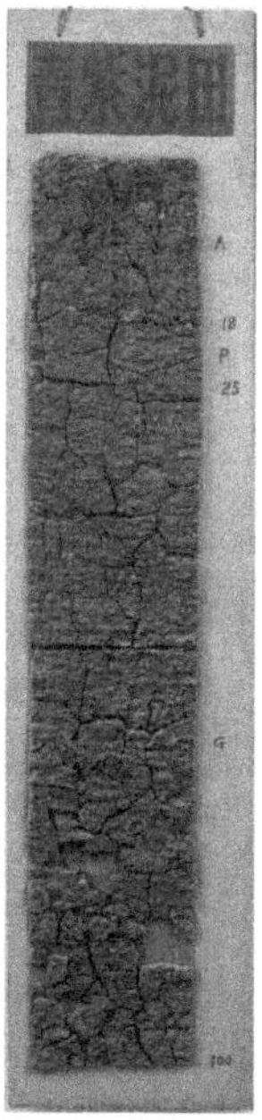

青紫泥田

青紫头白土田

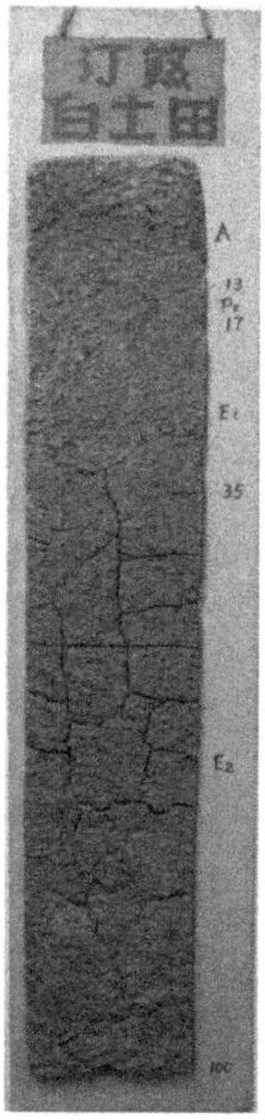

汀煞白土田

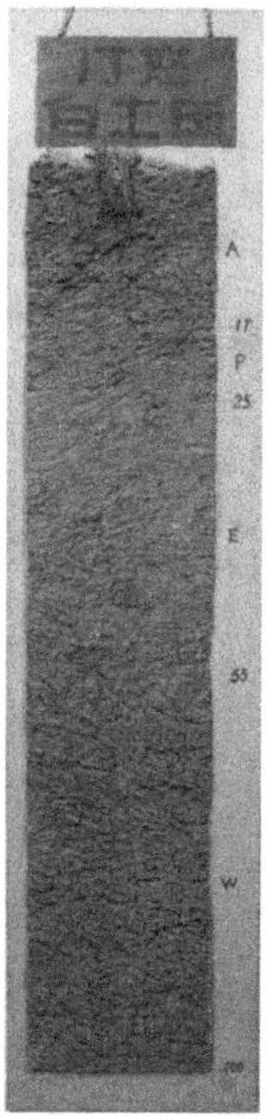

汀煞白土田

20 世纪 80 年代剖面标本

（陈鲜忠 摄）